用 Raspberry Pi Pico
×
Python 玩創客

適合所有人的第一套創客套件

CONTENTS

近幾年創客 (Maker) 風潮盛行，越來越多人開始『動手製作』自己想要的東西，在這風潮下，控制板更是創客們的寵兒，因為只要使用控制板和程式語言，就可以簡易控制電子元件，以此實現更多功能。此章節就要來簡單介紹其中一種控制板 – Raspberry Pi Pico。

1-1 Raspberry Pi Pico 控制板

你可以把 Raspberry Pi Pico 控制板想像成一台小電腦，可以在上面執行 Python 或 C++ 程式，它就會根據程式執行對應的動作。

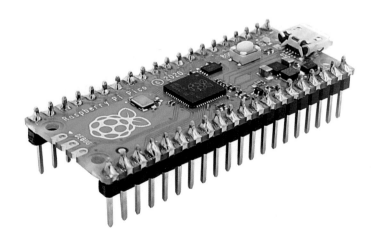

Raspberry Pi Pico 兩側各有 20 隻針腳，這些針腳可以當作**輸出腳位**來控制外接的電子零件，也可以當作**輸入腳位**從外接電子零件獲取資訊：

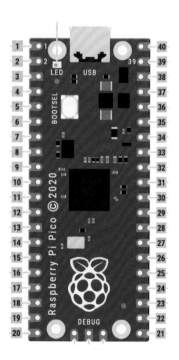

硬體補給站 ! Raspberry Pi 與 Raspberry Pi Pico

樹莓派 (Raspberry Pi) 是一個由**樹莓派基金會**開發的 Linux 系統電腦，只要將它接上滑鼠、鍵盤和螢幕就可以像普通的電腦一樣操作。

⚠ Linux 是一種作業系統，另外常見的作業系統還有 Windows 和 Mac OS。

我們可以從上圖中發現，樹莓派擁有小而精巧的特性，更容易放置於各種場域，並搭配其針腳控制電子零件或從電子零件收集資料，但使用針腳連接電子零件其實不是樹莓派的強項 (例如樹莓派本身沒有 ADC 功能，且只有 2 組硬體 PWM，後續內容會解釋什麼是 ADC、PWM)，因此樹莓派基金會在 2020 年新推出 Raspberry Pi Pico 控制板，此控制板**沒有作業系統**，無法看 YouTube、打報告等功能，但擅長控制電子零件，與樹莓派達到相輔相成的效果。

1-2 為何選用 Raspberry Pi Pico

對微控制器有興趣的讀者應該會聽過 Arduino 這塊控制板，它常常做為微控制初學者的第一塊板子，那為什麼我們要使用 Raspberry Pi Pico 呢？

這是因為大多數微控制器都會使用較複雜的 C++ 程式，對許多初學者來說就是一個很難跨過的門檻，而 Raspberry Pi Pico 比起 Arduino 多支援了簡單易學的 Python，非常適合入門初學。下一章就讓我們來安裝 Python 開發環境並學習 Python 的基本語法吧！

MEMO

安裝 Python 開發環境

第一章中, 對 Raspberry Pi Pico(後續簡稱為 Pico) 控制板的腳位、功能有了初步的認識, 為了達到控制硬體的目的, 我們必須在 Pico 控制板執行程式。本產品將使用 CircuitPython 程式語言, 並使用 Thonny 做為開發環境, 本章將帶你建置環境, 並以輸出文字內容和讀取控制板內建溫度感測器的程式示範開發流程。

2-1 CircuitPython

近年來, 由於科技的發展日新月異, 生活中資訊科技的應用無所不在, 『程式設計』成為學生的必修課, 其中, 學習 Python 程式語言的人越來越多, 因為 Python 不只功能強大, 其語法簡潔而且口語化 (近似英文寫作的方式), 因此非常容易撰寫及閱讀。更具體來說, 就是 Python 通常可以用較少的程式碼來完成較多的工作, 並且清楚易懂, 相當適合初學者入門。本書將會帶領您進入 Python 的世界, 學習 Python 程式語言的相關語法。

CircuitPython 則是為了能夠在像是 Pico 這類記憶體較小的微控制板上運作, 由 Adafruit 公司開發的精簡板 Python。

為了能在 Pico 控制板上執行程式, 我們需要先在電腦上安裝一個 Python 的開發環境 - Thonny。

2-2 下載與安裝 Thonny

Thonny 是一個適合初學者的 Python 開發環境, 請連線 https://thonny.org 下載這個軟體:

使用 **Mac/Linux** 系統的讀者請點選相對應的下載連結

下載後請雙按執行該檔案, 然後依照下面步驟即可完成安裝:

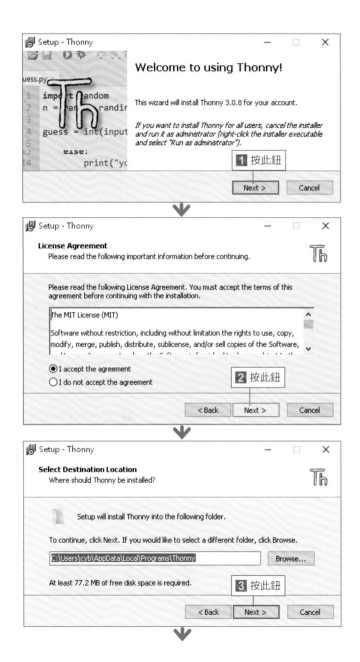

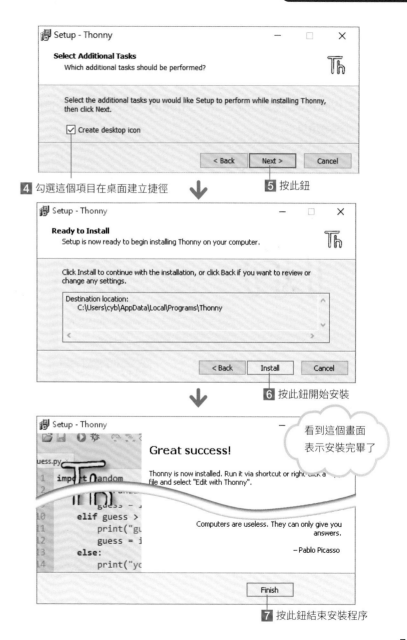

1 按此鈕

2 按此鈕

3 按此鈕

4 勾選這個項目在桌面建立捷徑

5 按此鈕

6 按此鈕開始安裝

看到這個畫面
表示安裝完畢了

7 按此鈕結束安裝程序

2-3 撰寫第一行程式

完成 Thonny 的安裝後，就可以開始寫程式啦！

請按 Windows 開始功能表中的 **Thonny** 項目或桌面上的捷徑，開啟
Thonny 開發環境：

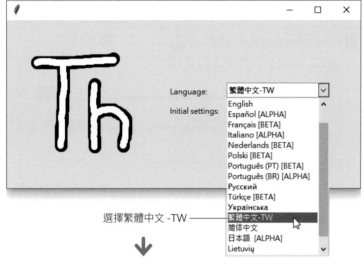

選擇繁體中文 -TW

按下 **Let's go**

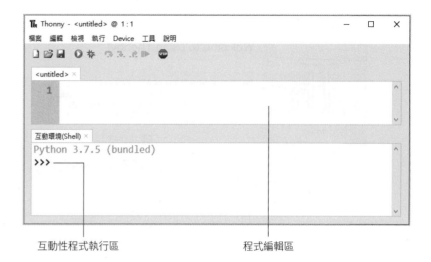

互動性程式執行區　　　　　程式編輯區

　　Thonny 的上方是我們撰寫編輯程式的區域，下方**互動環境 (Shell)** 窗格則
是互動性程式執行區，兩者的差別將於稍後說明。請如下在 **Shell** 窗格寫下
我們的第一行程式

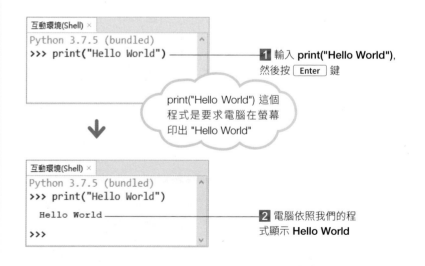

1 輸入 **print("Hello World")**，
然後按 [Enter] 鍵

print("Hello World") 這個
程式是要求電腦在螢幕
印出 "Hello World"

2 電腦依照我們的程
式顯示 **Hello World**

寫程式其實就像是寫劇本，寫劇本是用來要求演員如何表演，而寫程式則是用來控制電腦如何動作。

喂！電腦～唱一首歌！

我...我...我不知道怎麼唱

雖然說寫程式可以控制電腦，但是這個控制卻不像是人與人之間溝通那樣，只要簡單一個指令，對方就知道如何執行。您可以將電腦想像成一個動作超快，但是什麼都不懂的小朋友，當您想要電腦小朋友完成某件事情，例如唱一首歌，您需要告訴他這首歌每一個音是什麼、拍子多長才行。

所以寫程式的時候，我們需要將每一個步驟都寫下來，這樣電腦才能依照這個程式來完成您想要做的事情。

我們會在後面章節中，一步一步的教您如何寫好程式，做電腦的主人來控制電腦。

2-4 Thonny 開發環境基本操作

前面我們已經在 Thonny 開發環境中寫下第一行 Python 程式，本節將為您介紹 Thonny 開發環境的基本操作方式。

Thonny 上半部的程式編輯區是我們撰寫程式的地方：

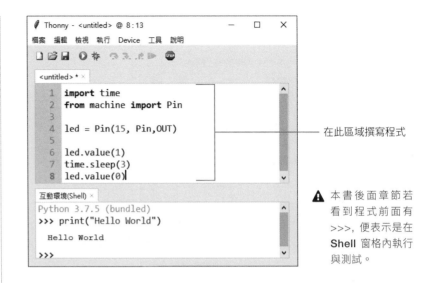

在此區域撰寫程式

⚠ 本書後面章節若看到程式前面有 >>>，便表示是在 **Shell** 窗格內執行與測試。

可以說，上半部程式編輯區類似稿紙，讓我們將想要電腦做的指令全部寫下來，寫完後交給電腦執行，一次做完所有指令。

而下半部 **Shell** 窗格則是一個交談的介面，我們寫下一行指令後，電腦就會立刻執行這個指令，類似老師下一個口令學生做一個動作一樣。

所以 **Shell** 窗格適合用來作為程式測試，我們只要輸入一句程式，就可以立刻看到電腦執行結果是否正確。

若您覺得 Thonny 開發環境的文字過小，請如下修改相關設定：

1 執行選單的『**工具 / 選項...**』命令，開啟設定視窗

2 切換到**主題和字型**頁面　　　**3** 在此處選擇字型大小

日後當您撰寫好程式，請如下儲存：

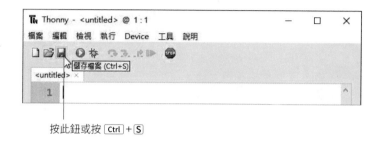

按此鈕或按 Ctrl + S

若要打開之前儲存的程式或範例程式檔，請如下開啟：

按此鈕或按 Ctrl + O

如果覺得介面上的按鈕太小不好按，可以在設定視窗如下修改：

1 切換到 **一般**頁面

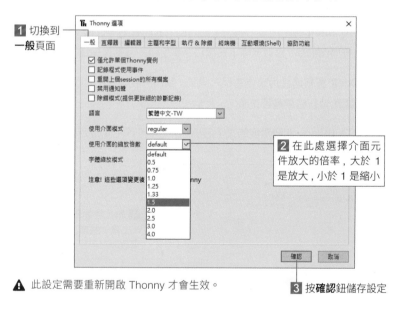

2 在此處選擇介面元件放大的倍率，大於 1 是放大，小於 1 是縮小

⚠ 此設定需要重新開啟 Thonny 才會生效。

3 按**確認**鈕儲存設定

如果要讓電腦執行或停止程式，請依照下面步驟：

若按此鈕則會停止程式

按此鈕或按 F5 開始執行程式

2-5 Python 物件、屬性、資料型別、變數、內建函式、匯入模組

Python 環境安裝完成後，我們先來學習幾個 Python 常用的基本語法，在此先有個基本的認識，稍後實作實驗時會再次解說讓讀者熟悉語法。

📦 物件

前面提到 Python 的語法簡潔且口語化，近似用英文寫作，一般我們寫句子的時候，會以主詞搭配動詞來成句。用 Python 寫程式的時候也是一樣，Python 程式是以『**物件**』(Object) 為主導，而物件會有『**方法**』(method)，這邊的物件就像是句子的主詞，方法類似動詞，請參見下面的比較表格：

寫作文章	寫 Python 程式	說明
車子	car	car 物件
車子向前進	car.go()	car 物件的 go 方法

物件的方法都是用點號 . 來連接，您可以將 . 想成『的』，所以 car.go() 便是 car **的** go() 方法。

方法的後面會加上括號 ()，有些方法可能會需要額外的資訊參數，假設車子向前進需要指定速度，此時速度會放在方法的括號內，例如 car.go(100)，這種額外資訊就稱為『**參數**』。若有多個參數，參數間以英文逗號 "," 來分隔。

請在 Thonny 的 **Shell** 窗格，輸入以下程式練習使用物件的方法：

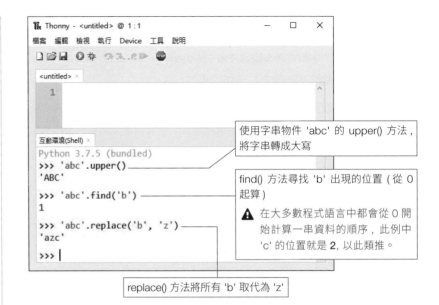

使用字串物件 'abc' 的 upper() 方法，將字串轉成大寫

find() 方法尋找 'b' 出現的位置 (從 0 起算)

⚠ 在大多數程式語言中都會從 0 開始計算一串資料的順序，此例中 'c' 的位置就是 **2**，以此類推。

replace() 方法將所有 'b' 取代為 'z'

⚠ 不同的物件會有不同的方法，本書稍後介紹各種物件時，會說明該物件可以使用的方法。

📦 屬性

除了方法外，物件還擁有『**屬性**』(Attribute)，我們可以把屬性當成物件的特徵，請參考以下表格：

寫作文章	寫 Python 程式	說明
車子	car	car 物件
車子的重量	car.weight	car 物件的 weight 屬性

物件的屬性也是用點號 . 來連接，所以 car.weight 便是 car 的 weight 屬性。

屬性後方可以加上等號 = 來設定，像是 car.weight = 1.5 就是設定 car 物件的重量是 1.5。

資料型別

上面我們使用了字串物件來練習方法，Python 中只要用成對的 " 或 ' 引號括起來的就會自動成為字串物件，例如 "abc"、'abc'。

除了字串物件以外，我們寫程式常用的還有整數與浮點數 (小數) 物件，例如 111 與 11.1。數字如果沒有用引號括起來，便會自動成為整數與浮點數物件，若是有括起來，則是字串物件：

```
>>> 111 + 111      ← 整數相加
222

>>> '111' + '111'  ← 字串串接
'111111'
```

我們可以看到雖然都是 111，但是整數與字串物件用 + 號相加的動作會不一樣，這是因為其資料的種類不相同。這些資料的種類，在程式語言中我們稱之為『**資料型別**』(Data Type)。

寫程式的時候務必要分清楚資料型別，兩個資料若型別不同，便可能會導致程式無法運作：

```
>>> 111 + '111'    ← 不同型別的資料相加發生錯誤
Traceback (most recent call last):
  File "<pyshell>", line 1, in <module>
TypeError: unsupported operand type(s) for +: 'int' and 'str'
```

對於整數與浮點數物件，除了最常用的加 (+)、減 (-)、乘 (*)、除 (/) 之外，還有求除法的餘數 (%)、及次方 (**)：

```
>>> 5 % 2
1
>>> 5 ** 2
25
```

變數

在 Python 中，**變數**就像是掛在物件上面的名牌，幫物件取名之後，即可方便我們識別物件，其語法為：

```
變數名稱 = 物件
```

例如：

```
>>> n1 = 123456789  ← 將整數物件 123456789 取名為 n1
>>> n2 = 987654321  ← 將整數物件 987654321 取名為 n2
>>> n1 + n2         ← n1 + n2 實際上便是 123456789 + 987654321
1111111110
```

變數命名時只用**英**、**數字**及**底線**來命名，而且第一個字不能是數字。

⚠ 其實在 Python 語言中可以使用中文來命名變數，但會導致看不懂中文的人看不懂程式碼，故約定俗成地不使用中文命名變數。

內建函式

函式 (function) 是一段預先寫好的程式，可以方便重複使用，而程式語言裡面會預先將經常需要的功能以函式的形式先寫好，這些便稱為**內建函式**，您可以將其視為程式語言預先幫我們做好的常用功能。

前面第一章用到的 print() 就是內建函式，其用途就是將物件或是某段程式執行結果顯示到螢幕上：

```
>>> print('abc')   ← 顯示物件
  abc
>>> print('abc'.upper())  ← 顯示物件方法的執行結果
  ABC
>>> print(111 + 111)  ← 顯示物件運算的結果
  222
```

⚠ 在 Shell 窗格的交談介面中，單一指令的執行結果會自動顯示在螢幕上，但未來我們執行完整程式時就不會自動顯示執行結果了，這時候就需要 print() 來輸出結果。

匯入模組

既然內建函式是程式語言預先幫我們做好的功能，那豈不是越多越好？理論上內建函式越多，我們寫程式自然會越輕鬆，但實際上若內建函式無限制的增加後，就會造成程式語言越來越肥大，導致啟動速度越來越慢，執行時佔用的記憶體越來越多。

為了取其便利去其缺陷，Python 特別設計了**模組 (module)** 的架構，將同一類的函式打包成模組，預設不會啟用這些模組，只有當需要的時候，再用**匯入 (import)** 的方式來啟用。

模組匯入的語法有兩種，請參考以下範例練習：

```
>>> import time  ← 匯入時間相關的 time 模組
>>> time.sleep(3) ← 執行 time 模組的 sleep() 函式，暫停 3 秒

>>> from time import sleep ← 從 time 模組裡面匯入 sleep() 函式
>>> sleep(5)       ← 執行 sleep() 函式，暫停 5 秒
```

上述兩種匯入方式會造成執行 sleep() 函式的書寫方式不同，請您注意其中的差異。

2-6 安裝並設定 Pico

了解了幾個 Python 的基本語法後，接下來我們要先連接 Pico 控制板，並且完成 Thonny 中的設定，才可以在 Pico 控制板中執行 Python 程式控制硬體。

連接 Pico

在開發程式之前，我們必須將 Pico 控制板與電腦連接，請拿出套件中所附的 USB 傳輸線，將 Pico 控制板與電腦連接。

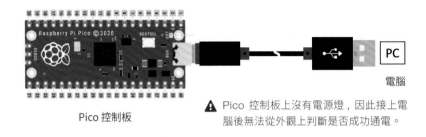

Pico 控制板　　　　　　　　　　　　　　　電腦

⚠ Pico 控制板上沒有電源燈，因此此接上電腦後無法從外觀上判斷是否成功通電。

在 Thonny 設定 CircuitPython 環境

連接 Pico 控制板後，請繼續設定 Thonny：

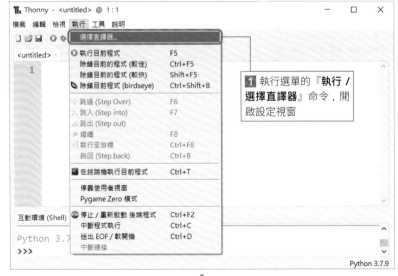

1 執行選單的『**執行 / 選擇直譯器**』命令，開啟設定視窗

13

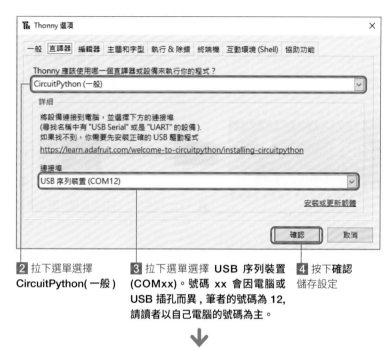

2 拉下選單選擇
CircuitPython(一般)

3 拉下選單選擇 **USB 序列裝置 (COMxx)**。號碼 **xx** 會因電腦或 USB 插孔而異，筆者的號碼為 12,請讀者以自己電腦的號碼為主。

4 按下**確認**
儲存設定

5 在**互動環境 (Shell)** 窗格中看到 **CircuitPython** 字樣表示連線成功，如果看不到請參考 16-18 頁重新安裝 CircuitPython 到 Pico 控制板

LAB 01 印出 Hello World 文字

實驗目的	在 Pico 控制板輸出文字，編寫第一支程式。
材料	Pico

🏛 設計原理

在 2-3 節，我們使用 print("Hello World") 程式，在互動環境 (Shell) 中輸出文字，若每一次編寫、執行程式都要這樣輸入程式碼會很辛苦，這次我們試著將程式碼輸入在程式編輯區中，嘗試執行完整的程式。

🏛 程式設計

(範例程式下載網址：https://www.flag.com.tw/DL?FM630A)

⚠ 請先依照上面的網址下載檔案，檔案內除了範例程式外，還包含第 9、10 章實驗會使用到的程式庫。

1 選擇**開新檔案**

3 按下 ⊙ 執行目前程式

2 在**程式編輯區**輸入
print("Hello World")

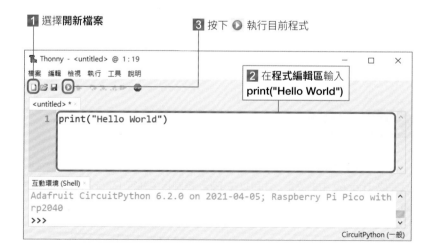

這時會跳出以下視窗, 請將檔案儲存在**本機** (也就是你的電腦) 中 :

點選**本機**, 選擇資料夾
和輸入檔名後按下**存檔**

⚠ 本機指的是你的電腦, 而 CircuitPython 設備指的是安裝了 CircuitPython 環境的 Pico 控制板。實驗時我們都將檔案儲存到本機, 後續必要時會介紹儲存到 CircuitPython 設備上的適用情境。

🎛 實測

檔案儲存後, 就會執行程式, 即可看到下方的互動環境 (Shell) 輸出文字。

輸出文字

2-7 控制 Pico 內建溫度感測器

Pico 的晶片有內建溫度感測器, 不用外接電子元件就能測量溫度。接下來我們會撰寫程式, 讀取溫度感測器值。

LAB 02 使用 Pico 控制板內建溫度感測器	
實驗目的	以 Python 程式匯入模組, 來讀取控制板晶片上的溫度。
材料	Pico

🎛 設計原理

Pico 控制板的晶片上有內建的溫度感測器, 只要匯入需要的模組, 就可以讀取感測器的溫度。首先, 請先在互動環境匯入 microcontroller 模組 :

```
>>> import microcontroller
>>>
```

⚠ 若出現紅色字的 ImportError: no module named 'xxxxxx' 表示程式找不到對應的模組, 請讀者確認輸入的文字及大小寫是否正確

接下來讀取模組內 cpu 物件的 temperature 屬性 :

```
>>> print(microcontroller.cpu.temperature)
23.3933
```

會得到溫度感測器中攝氏溫度的數值, 本例為 23.3933。

程式流程圖

```
程式開始
↓
讀取 Pico 控制板溫度
↓
輸出溫度數值
↓
程式結束
```

程式設計

(範例程式下載網址：https://www.flag.com.tw/DL?FM630A)

請在 Thonny 開啟新檔，如下輸入完整程式後存檔：

⚠ 程式裡面的 # 符號代表註解，# 符號後面的文字 Python 會自動忽略不會執行，所以可以用來加入註解解說的文字，幫助理解程式意義。輸入程式碼時，可以不必輸入 # 符號後面的文字。

實測

請按 F5 執行程式，即可看到目前 Pico 控制板上的攝氏溫度數值。

延伸學習

1. 若將程式碼第 4 行修改成 print('Pico 控制板溫度：', microcontroller. cpu.temperature), 輸出結果會有什麼不同？

2. 請增加程式碼，程式執行時同時輸出控制板目前的攝氏溫度及華氏溫度

轉換公式： 華氏溫度 = 攝氏溫度 * (9 / 5) + 32

軟體補給站！ 安裝 CircuitPython 到 Pico 控制板

如果你從市面上購買新的 Raspberry Pi Pico 控制板，預設並不會幫您安裝 CircuitPython 環境到控制板中，請依照以下步驟安裝：

1 請在瀏覽器上方輸入網址前往 https://circuitpython.org/board/ raspberry_pi_pico/, 點選 **DOWNLOAD .UF2 NOW** 下載：

→ 接下頁

2 拔除 Pico 控制板的 USB 線, 找到控制板上的 BOOTSEL 鍵。

3 按下 BOOTSEL 鍵**不要放開**, 再將 Pico 控制板以傳輸線連接電腦, 這個時候再放開 BOOTSEL 鍵。

按下 BOOTSEL 鍵

接上 USB 傳輸線
連接至電腦

放開 BOOTSEL 鍵

→ 接下頁

4 電腦中會出現名為 **RPI-RP2** 的 USB 磁碟機, 並將步驟 1 下載的 **.uf2** 檔案複製到 RPI-RP2 中。

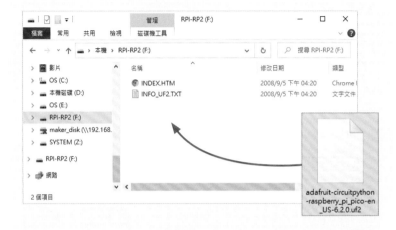

5 待檔案複製完成後, 剛剛的 RPI-RP2 USB 磁碟機會消失, 並另外新增一個 **CIRCUITPY** 的 USB 磁碟機, 這樣 CircuitPython 環境就安裝完成了!

→ 接下頁

6 請開啟 Thonny, 切換到直譯器頁面, 選擇 **CircuitPython(一般)** 和
序列埠編號並按下確認

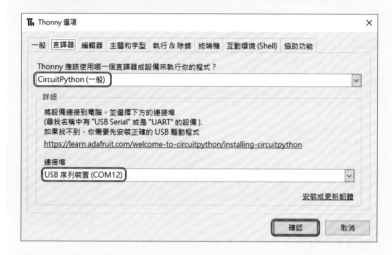

7 下方的互動環境 (Shell) 就會看到控制板的資訊, 裡面標示了目前
控制板為 Adafruit CircuitPython。

軟體補給站 安裝 MicroPython 到 Pico 控制板

除了 CircuitPython 外, Pico 還可以使用另一種 Python: **MicroPython** 來撰寫
程式, 但目前 MicroPython 尚未支援第 9、10 章的 HID 模組, 因此無法將 Pico
當作鍵盤和滑鼠。若你想以 MicroPython 嘗試本書的範例, 可以參考以下連結來
安裝 MicroPython 環境到 Pico 控制板:

https://hackmd.io/@flagmaker/SJMgRDF6_

MEMO

CHAPTER

03

LED – 數位輸出

本章我們會認識甚麼是 LED 以及數位輸出，一開始會先試著點亮 Pico 控制板上的 LED。接著說明電子電路的基本知識，最後再利用麵包板、杜邦線等工具接線並撰寫程式，來控制外接的 LED, 並使用 while 迴圈重複執行程式。

3-1 認識腳位

在第 1 章我們提到 Pico 控制板上有 40 隻針腳, 可以用來控制電子零件或是接收電子零件的資訊, 而在程式中我們會藉由**編號**來指定腳位：

上圖中可以發現腳位有兩種編號，一種是內圈的 1~40, 另一種是外圈以 GP 開頭的編號，在程式中，需要使用的是**外圈編號 (以 GP 開頭)**。例如要使用上圖中右上角的腳位，在程式中就要指定使用 GP0 腳位。

3-2 認識 LED

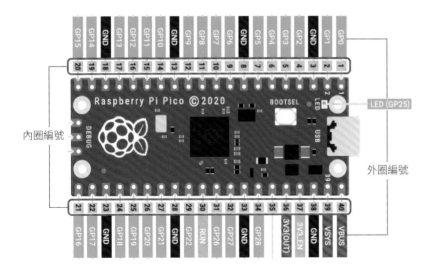

內圈編號

外圈編號

LED (GP25)

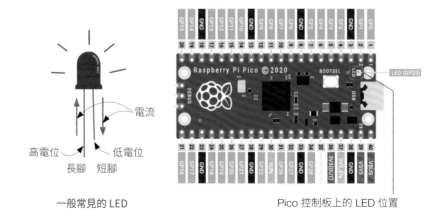

電流

高電位　　低電位

長腳　短腳

一般常見的 LED

Pico 控制板上的 LED 位置

LED (GP25)

19

LED (light-emitting diode)，又稱為發光二極體，一般常見的 LED 外型如上左圖，具有一長一短兩隻接腳，若要讓 LED 發光，則需對長腳接上高電位，短腳接低電位，像是水往低處流一樣產生高低電位差讓電流流過 LED 即可發光 (這些觀念我們會在 3-4 節有更詳細的說明)。LED 只能往一個方向導通，若接反就不會發光，所以接線時要特別注意！除了紅色之外，還有綠色、藍色、白色、黃色甚至多色的 LED。

Pico 已經將 LED 內建在控制板中，如上右圖。它的樣子和剛剛介紹過的 LED 不一樣，是專為平貼在電路板上而設計的扁平矩形。由於它是直接焊在電路板上，我們看不到它的長腳與短腳，但是在 Pico 官方文件上有標示它的長腳與 GP25 號腳連接，短腳則接到低電位，所以只要控制 GP25 號腳位為高電位，讓 LED 兩端有高低電位差就可以點亮它。

3-3 認識數位輸出

稍後我們撰寫程式控制 Pico 的腳位時，是用 True 代表高電位、False 代表低電位，這種只有特定幾種狀態的輸出，也稱為『數位輸出』。

LAB 03 點亮 Pico 控制板的 LED

實驗目的	用 Python 程式控制 Pico 腳位，點亮 Pico 上的 LED。
材料	Pico

設計原理

⚠ 如果你曾經拔除 Pico 控制板，那你的 Thonny 就會與 Pico 斷掉連線，如果要將兩者重新連線，只需要將 Pico 連接電腦，並按下 Thonny 的 STOP 鈕 ⬛ 即可連線。

為了在 Python 程式中控制 Pico 的腳位，必須先匯入 board 模組：

```
>>> import board
```

另外，也需要匯入 digitalio 模組的 DigitalInOut 和 Direction 類別，DigitalInOut 用來設定數位輸出入所使用的腳位，Direction 則用來設定是輸出還是輸入：

```
>>> from digitalio import DigitalInOut, Direction
```

先建立一個 DigitalInOut 物件，並透過 board 模組內的名稱 GP25 指定腳位：

```
>>> led = DigitalInOut(board.GP25)
```

然後透過 direction 屬性設定成數位輸出腳位：

```
>>> led.direction = Direction.OUTPUT
```

建立完物件並設定成輸出腳位後，就可以傳遞訊號控制 LED 燈。接下來，我們使用 value 屬性指定腳位的電位高低：

```
>>> led.value = True     ← 高電位，LED 兩端有電位差讓電流流通，點亮 LED
>>> led.value = False    ← 低電位，LED 兩端無電位差電流不流通，熄滅 LED
```

True 和 False 這兩個關鍵字在 Python 中代表**真 (1)** 和**假 (0)**，因此點亮 LED 程式也可以改成 led.value = 1。

⚠ 關鍵字是 Python 保留下來有特殊意義的字。

☆ 程式流程圖

程式開始 → 匯入模組 → 設定輸出腳位 → 設定腳位有電點亮 LED → 暫停 3 秒 → 設定腳位沒電熄滅 LED → 程式結束

☆ 程式設計

(範例程式下載網址：https://www.flag.com.tw/DL?FM630A)

請在 Thonny 開新檔案，在開發環境上半部的程式編輯區輸入以下程式碼，輸入完畢請按 Ctrl + S 儲存檔案：

```
1  import board
2  import time
3  from digitalio import DigitalInOut
4  from digitalio import Direction
5
6  led = DigitalInOut(board.GP25)
7  led.direction = Direction.OUTPUT
8
9  led.value = True
10 time.sleep(3)
11 led.value = False
```

⚠ 如果要從同一個模組中匯入 1 個以上類別，可以分成兩行或是合成一行，像是上圖中第 3、4 行與前一頁設計原理中的第 2 段程式代表相同意義。

☆ 實測

請按 F5 執行程式，即可看到控制板上的 LED 點亮 3 秒後熄滅。

3-4 電壓、電流、電阻

Lab03 點亮了 Pico 控制板上的 LED，但若是需要不只一顆 LED 燈，或是想使用不同顏色的 LED，就需要額外接線，這時就必須了解電壓、電流和電阻，才不會在還沒點亮 LED 前就把 LED 燒了！

☆ 電壓、電流

在現實世界中，水的流動稱為水流，水流的流向與大小會由水位的高低差來決定。請將同樣的觀念類推到電子的世界，電子的流動稱為**電流**，電流的流向與大小會由電位的高低差來決定：

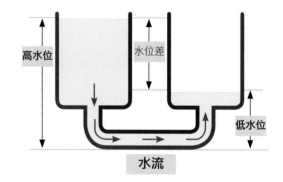

電位的高低差則被稱為**電壓**或**電位差**，電壓的單位為**伏特** (Volt, 簡稱為 V)，電流的單位是**安培** (Ampere, 簡稱為 A)，電流的大小和電壓成正比。

一般我們會以**大地的電位**為 0，所以電子元件或裝置若標示輸出電壓 5V，表示其輸出電力的電位 - 大地電位 = 5V。而電子元件或裝置也常會以 **GND** 或 **G** (Ground 的簡稱) 來標示 0 電位點 (負極)。

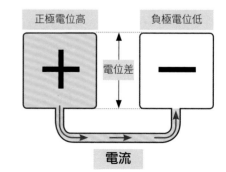

📦 電阻

電阻是物體對於電流通過的阻礙能力，在電壓固定的條件下，電阻值越高，代表阻礙能力越強，能夠通過這個物體的電流量就會越小，反之電阻值越小，可通過的電流愈大。

低電阻的物體稱為**導體**，只要在導體兩端加上電位差 (電壓)，就會讓電流通過導體；而電阻值超高的物體則稱為**絕緣體**，可以阻絕電流通過。

大多數的導體都是金屬，其中銀和銅具有最低電阻值，導電性最好，我們做實驗用的導線內部便是銅線，外部則包覆塑膠作為絕緣體避免實驗者觸電。

因為導線的電阻值小到幾乎可以忽略，所以我們會直接將導線的電阻視為 0。

電阻的單位為**歐姆** (Ω)，一般會用 R 代表電阻，V 來代表電壓，I 代表電流，三者的關係如下：

$$V = I \times R$$

這就是有名的歐姆定律。

電阻除了是阻礙電流的能力值以外，也是一種電子元件的名字。當我們做實驗時，為了避免電流量過大而燒壞其中的零件，會額外加上名為電阻的元件，用來阻礙電流進而控制電流的大小。

為了搭配不同的需求，市面上有各種不同電阻值的電阻可供選擇，小型電阻會以色環來表示其電阻值及誤差值，關於電阻的色環標示請參見 https://zh.wikipedia.org/wiki/電阻器#色環標示。

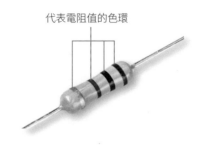
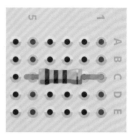

220Ω 電阻 (紅紅棕)

在本套件中，我們會提供 220Ω 的電阻，後續接線時若看到這樣的圖案請記得拿出電阻接線。

3-5 迴路、斷路、短路

📦 迴路

電子零件的連接必須構成迴路才能產生作用，所謂迴路指的是能夠讓電流流通的電路，最簡單的電子迴路如右：

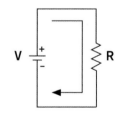

電流由正極 (+) 出發，經過電阻 R，最後流回到負極 (-)，而形成迴路。

⚠ 畫電路圖時，–\/\/\/– 代表電阻，– 代表電源，長邊是正極短邊是負極。

電子迴路上一定要有零件，否則會造成短路，請參見稍後說明。

☆ 斷路

若是正極 (+) 出發的線路無法回到負極 (-), 此時會因為電流無法流動, 造成斷路 (又稱**開路**), 這樣就無法構成一個迴路。

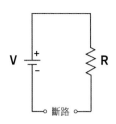

☆ 短路

短路泛指用一導體 (如 : 電線) 接通迴路上的兩個點, 因為導體的電阻幾乎為 0, 絕大部分的電流會經由新接的電線流過, 而不經過原來這兩個點之間的零件, 如此將使得這些零件失去功能。

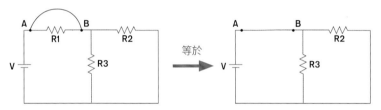

A、B 被短路, 電流直接由 A 流到 B, R1 失去作用

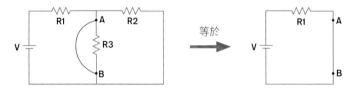

電流直接由 A 流到 B, R3、R2 都失去作用

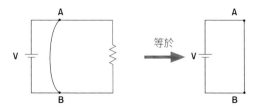

將電源短路電流直接由 A 流到 B, 因為導線電阻幾乎為 0, 電流變得很大, 電池將發熱燒毀

若如上方最後一張圖, 不小心把電源的正極和負極短路, 則絕大部分的電流會直接由正極流向負極, 其他迴路幾乎沒有電流通過, 因而失去功能。這時連接正、負極的導線因為其電阻幾乎為 0, 根據前面提到的歐姆定律 $I=V/R$, 當 R 電阻趨近 0, I 電流會非常大, 因而接觸的瞬間可能出現火花, 乾電池可能發燙, 鋰電池可能燃燒, 如果是家用的 AC 電源則可能因電線走火而發生火災! 操作者不可不慎!

3-6 麵包板、杜邦線

☆ 麵包板

麵包板的正式名稱是**免焊萬用電路板**, 俗稱**麵包板** (bread board)。麵包板不需焊接, 就可以進行簡易電路的組裝, 十分快速方便。市面上的麵包板有很多種尺寸, 您可依自己的需要選購。

麵包板的表面有很多的插孔。插孔下方有相連的金屬夾, 當零件的接腳插入麵包板時, 實際上是插入金屬夾, 進而和同一條金屬夾上的其他插孔上的零件接通。

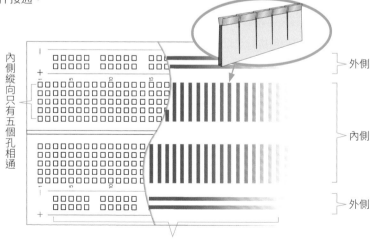

外側橫向從左到右整排全部相通

23

麵包板分內外兩側 (如上圖)。內側每排 5 個插孔由金屬夾片接通，但左右不相通，這部分用於插入電子零件。外側插孔則供正負電源使用，正電接到紅色標線處，負電則接到藍色或黑色標線處。

硬體加油站！ 使用麵包板注意事項

使用麵包板時，要注意的事：

1. 插入麵包板的零件接腳不可太粗，避免麵包板內部的金屬夾彈性疲乏而鬆弛，造成接觸不良而無法使用。

2. 習慣上使用紅線來連接正電，黑線來連接負電 (接地線)。

3. 當實驗結束時，記得將麵包板上的零件拆下來，以免造成麵包板金屬夾的彈性疲乏。

🔷 杜邦線

麵包板上使用的大部分是單心線，單心線是指電線內部為只有單一條金屬導線所構成的電線，而杜邦線是二端已經做好接頭的單心線，可以很方便的用來連接麵包板及各種電子元件。杜邦線的接頭可以是公頭 (針腳) 或是母頭 (插孔)，如果使用排針可以將杜邦線或裝置上的母頭變成公頭：

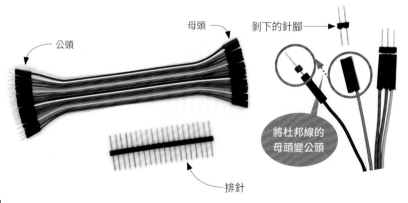

公頭
母頭
剝下的針腳
將杜邦線的母頭變公頭
排針

在後續的實驗，我們會繪製接近實物的接線圖，麵包板和杜邦線如下圖所示，其中，**灰色底的是麵包板**，麵包板上**有顏色的線條就是杜邦線**，不同顏色只是方便區別，功能都一樣，實際接線時不必和接線圖中的顏色一致。

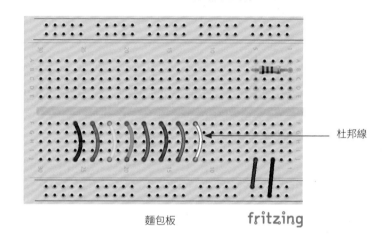

杜邦線
麵包板
fritzing

LAB 04 讓燈亮起來 – 點亮外接 LED

實驗目的	承接 Lab03 的程式，改為控制外接的 LED。
材料	• Pico • LED • 220Ω 電阻

🔷 接線圖

由於 Pico 板正面沒有標示腳位，所以會放對照圖在右側，方便大家對照接線位置。

硬體加油站！ 接線注意事項

1. 為了避免在接線的過程中發生不可預期的意外 (例如：短路), **建議先將 Pico 拔除 USB 線**，也就是移除電源後再接線，等到確認接線無誤後再接上電源。拔除 USB 線時, Pico 和 Thonny 會斷開連線並會出現以下畫面：

```
互動環境 (Shell)

 Adafruit CircuitPython 6.3.0 on 2021-06-01; Raspberry Pi Pico with
Adafruit CircuitPython 6.3.0 on 2021-06-01; Raspberry Pi Pico with r
>>>
Backend terminated or disconnected. Use 'Stop/Restart' to restart.
```

代表沒有連接控制板

要讓兩者重新連接, 只要將 Pico 接上 USB 線並按下 Thonny 的 STOP 鈕 **STOP** 即可。

2. Pico 上有很多裸露的電子零件, 在接線時盡量不要使用手或杜邦線觸碰它們, 可能會導致 Pico 重新啟動, 連帶讓 Pico 和 Thonny 斷開連線。如果遇到以上狀況, 跟第 1 點一樣按 Thonny 的 STOP 鈕 **STOP** 來重新連接兩者。

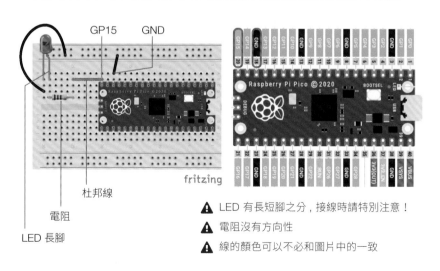

GP15　GND

杜邦線

電阻

LED 長腳

fritzing

⚠ LED 有長短腳之分, 接線時請特別注意！

⚠ 電阻沒有方向性

⚠ 線的顏色可以不必和圖片中的一致

或許讀者會想：『接線圖中兩段黑色杜邦線，是否可以省略一段直接從 LED 接到 GND 腳位？』當然可以！只是後續實驗我們會用到的電子零件會越來越多，最常使用到 3V3、GND 腳位，為避免腳位不敷使用，才會將 GND 先接到麵包板的 – (藍色) 橫條插孔中, 以利其他零件使用 GND 腳位，而 3V3 腳位通常會習慣使用 + (紅色) 橫條插孔。

設計原理

Lab03 控制 GP25 腳位來點亮 Pico 控制板上的 LED 燈, 從接線圖上可以看到, 外接 LED 接在 GP15 腳位上, 為了控制這個腳位上的 LED, 就要修改程式碼, 將控制的腳位改成 GP15：

```
>>> led = DigitalInOut(board.GP15)
```

程式流程圖

同 Lab03

程式設計

(範例程式下載網址：https://www.flag.com.tw/DL?FM630A)

請在 Thonny 開新檔案, 在開發環境上半部的程式編輯區輸入以下程式碼, 輸入完畢請按 Ctrl + S 儲存檔案：

```
1  # 匯入 Pico 控制板相關的 board 模組
2  import board
3  # 匯入時間相關的 time 模組
4  import time
5  # 匯入數位輸出入的 DigitalInOut、Direction 模組
6  from digitalio import DigitalInOut, Direction
7
8  # 建立 GP15 腳位的 DigitalInOut 物件，並命名為 led
9  led = DigitalInOut(board.GP15)
10 # 設定 led 為輸出腳位
11 led.direction = Direction.OUTPUT
12
13 led.value = True      # 設定腳位有電，點亮 LED
14 time.sleep(3)         # 暫停 3 秒
15 led.value = False     # 設定腳位沒電，熄滅 LED
```

實測

請按 F5 執行程式，即可看到外接的 LED 點亮 3 秒後熄滅。

延伸學習

1. 請修改暫停的時間，讓 LED 亮 10 秒後才關閉。

2. 請增加程式碼，讓 LED 閃爍 5 次。

3-7 Python 流程控制 – while 迴圈與區塊縮排

上一個實驗我們用程式點亮 LED 3 秒後熄滅，如果我們想要做出一直閃爍的效果，該不會要寫個好幾萬行控制有電沒電的程式吧？！

當然不是！如果需要重複執行某項工作，可利用 Python 的 while 迴圈來依照條件重複執行。其語法如下：

while 條件式：
　　程式區塊

while 會先對條件式做判斷，如果條件成立，就執行接下來的程式區塊，然後再回到 while 做判斷，如此一直循環到條件式不成立時，則結束迴圈。

只要手沒斷 (條件式) 就一直重複 (while 迴圈) 做伏地挺身 (程式區塊)！

嗚～我要打家暴專線⋯

通常我們寫程式控制硬體時，大多數的狀況下都會希望程式永遠重複執行，此時條件式就可以用 **True** 來代替。

例如我們要做出 LED 一直閃爍的效果，便可以使用以下程式碼：

```
while True:                # 一直重複執行
    led.value = True       # 設定腳位有電，點亮 LED
    time.sleep(0.5)        # 暫停 0.5 秒
    led.value = False      # 設定腳位沒電，熄滅 LED
    time.sleep(0.5)        # 暫停 0.5 秒
```

請注意！如上所示，屬於 while 的程式區塊要『以 4 個空格向右縮排』，表示它們是屬於上一行 (while) 的區塊，而其他非屬 while 區塊內的程式『不可縮排』，否則會被誤認為是區塊內的敘述。

其實 Python 允許我們用任意數量的空格或定位字元 (鍵盤上的 Tab) 來縮排，只要同一區塊中的縮排都一樣就好。不過建議使用 4 個空格，這也是官方建議的用法。

區塊縮排是 Python 的特色，可以讓 Python 程式碼更加簡潔易讀。其他的程式語言大多是用括號或是關鍵字來決定區塊，可能會有人寫出以下程式碼：

—— 沒有縮排全都擠在一起的程式碼

就像寫作文規定段落另起一行並空格一樣，在區塊縮排強制性規範之下，Python 程式碼便能維持一定基本的易讀性。

LAB 05 讓燈閃爍 – 用迴圈控制 LED 亮滅

實驗目的	用 Python 的 while 迴圈重複執行 LED 的控制程式，使其每 0.5 秒閃爍一次。
材料	同 Lab04

🔷 接線圖

同 Lab04

🔷 程式流程圖

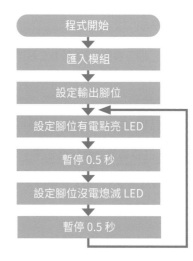

程式開始 → 匯入模組 → 設定輸出腳位 → 設定腳位有電點亮 LED → 暫停 0.5 秒 → 設定腳位沒電熄滅 LED → 暫停 0.5 秒

🔷 程式設計

(範例程式下載網址：https://www.flag.com.tw/DL?FM630A)

請在 Thonny 開發環境上半部的程式編輯區輸入以下程式碼，輸入完畢後請按 Ctrl + S 儲存檔案：

⚠ 本實驗開始，只會顯示程式內容，請自行在 Thonny 開啟新檔，並在上半部的程式編輯區鍵入程式碼。

```
01  # 匯入控制板相關的 board 模組
02  import board
03  # 匯入時間相關的 time 模組
04  import time
05  # 匯入數位輸出入的 DigitalInOut、Direction 模組
06  from digitalio import DigitalInOut, Direction
07
08  # 建立 GP15 腳位的 DigitalInOut 物件，並命名為 led
09  led = DigitalInOut(board.GP15)
10  # 設定 led 為輸出腳位
11  led.direction = Direction.OUTPUT
12
13  while True:            # 一直重複執行
14      led.value = True   # 設定腳位有電，點亮 LED
15      time.sleep(0.5)    # 暫停 0.5 秒
16      led.value = False  # 設定腳位沒電，熄滅 LED
17      time.sleep(0.5)    # 暫停 0.5 秒
```

☆ 實測

請按 F5 執行程式, 即可看到 LED 每 0.5 秒閃爍一次。

☆ 延伸練習

1. 請修改暫停的時間, 讓 LED 閃爍速度加快為每秒閃 5 下。

2. 請將這個實驗改成 LED 每隔 3 秒快閃 2 下。

3. 請增加 1 個 LED 變成共 2 個 LED, 然後讓 2 個 LED 交互閃爍。

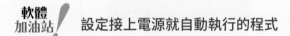

設定接上電源就自動執行的程式

前面實驗都是在 Thonny 環境下按 F5 來執行程式, 但這會有一個問題, 就是無法離開電腦使用, 如果希望 Pico 接上電就自動執行程式, 只要將程式取名為 code.py, 儲存到 CircuitPython 設備即可:

1 輸入你要通電後自動執行的程式, 此例為閃爍 LED。

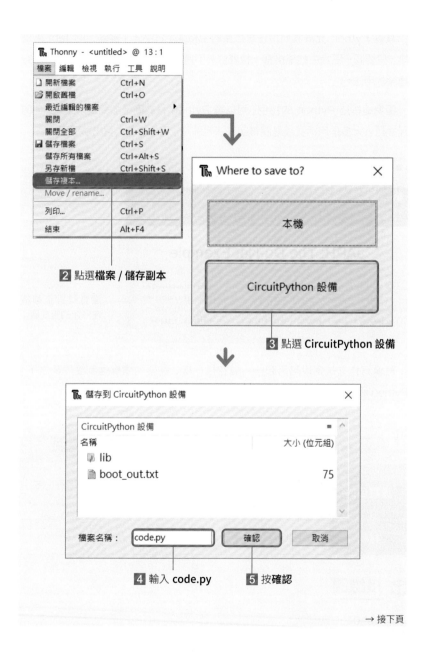

2 點選**檔案 / 儲存副本**

3 點選 **CircuitPython 設備**

4 輸入 **code.py**　　**5** 按**確認**

→ 接下頁

→ 接下頁

接下來只要重新通電，程式就會自動執行。如果要將 Pico 重新連接 Thonny 來撰寫程式，只需要按 Thonny 的 STOP 鈕即可：

按 STOP 鈕後兩者會重新連接

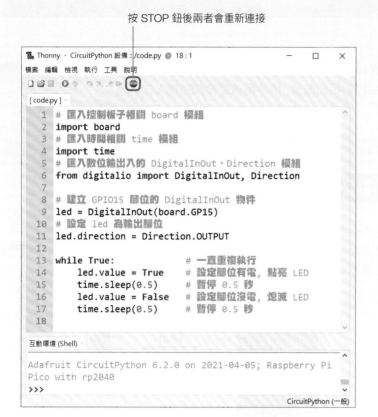

⚠️ 上述動作也可直接複製 code.py 到 CIRCUITPY 磁碟。

→ 接下頁

如果 code.py 是不會停止的程式，按下 STOP 可能會遇到以下狀況：

只出現橫線，沒出現 Adafruit CircuitPython 字樣

如果遇到此問題，只需要按一下**互動環境**的白色區域，並按下 Ctrl + C 即可。

⚠️ 如果按下 Ctrl + C 後沒有反應，請按 caps lock 來切換英文大小寫。

如果要取消開機自動執行程式，直接到 CIRCUITPY 磁碟將 code.py 刪除即可。

04 按壓開關 – 數位輸入

學會了數位輸出後，接下來以按壓開關為例，學習數位輸入，取得按壓開關目前的狀態，並以流程控制撰寫程式，學習把輸入作為條件來控制輸出裝置，像是用按壓開關控制 LED。

4-1 認識按壓開關

開關的種類很多，本實驗使用的是按壓開關 (Push Button)。按壓開關分為**常開式** (Normally Open, 簡稱 N.O.) 及**常閉式** (Normally Close，簡稱 N.C.) 兩種。當我們按下開關時，常開（常閉）式開關的兩端會由開路（閉路）變為閉路（開路），當我們放開開關時，開關又回復到原來狀態。本實驗使用的是常開式 (N.O.) 按壓開關。

原本不接通　　按下去接通　　放開後彈開
（開路）　　　（閉路）

▲ 前一章有提到**開路**是指這段電路無法讓電流流動，而**閉路**則是代表這段電路可以讓電流流過。

4-2 認識數位輸入

前一章的 LED 我們使用數位輸出，也就是以 True 高電位、False 低電位來控制 LED 點亮、熄滅，本章要使用按壓開關，透過按鈕按下、放開時的訊號來控制 LED。

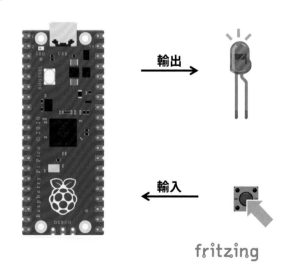

輸出

輸入

fritzing

Pico 的腳位除了可用來輸出控制外部裝置外，也可以從外部裝置輸入訊號。在設計按壓開關的電路時，就會利用輸入腳位來讀取開關的狀態：

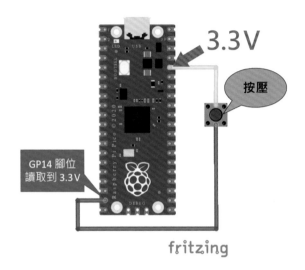

3.3V

按壓

GP14 腳位
讀取到 3.3V

fritzing

如果依上圖接線，只要按下開關，數位輸入腳位 GP14 就可以讀取到 3.3V(高電位)。以上內容看起來很合理，但如果是沒按下開關呢：

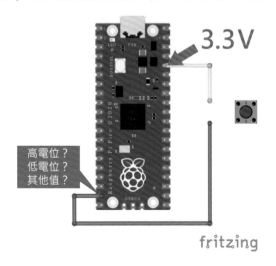

3.3V

高電位？
低電位？
其他值？

fritzing

這時數位輸入腳位 GP14 沒有連接到特定的訊號，因此會處於不確定的狀態，可能會被環境雜訊影響而輸出錯誤的訊號。為了解決以上問題，我們會在電路中加裝一個電阻，讓數位輸入腳位維持在確定的電位值。

4-3 上拉電阻與下拉電阻

前一節提到的電阻我們會根據其擺放位置分為**上拉電阻** (pull-up resistor) 及**下拉電阻** (pull-down resistor) 兩種。右下圖是使用上拉電阻的電路圖，電阻連接正電 (+3.3V)，未按下按鈕時，輸入腳位接受高電位 (HIGH) 的訊號，按下按鈕後，輸入腳位變成接受低電位 (LOW) 的訊號，放開按鈕後，會回復到高電位的訊號。相反地，若使用下拉電阻的設計，由於下拉電阻接地 (GND)，未按下按鈕時，輸入腳位接收低電位 (LOW) 訊號，按下按鈕後，變成接收高電位 (HIGH) 訊號，放開按鈕後，又回復到低電位。

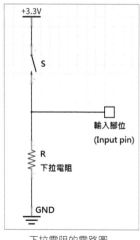

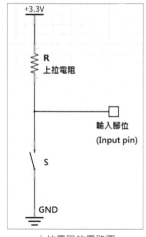

下拉電阻的電路圖　　　　　　　上拉電阻的電路圖

註：為什麼要接上拉或下拉電阻呢?因為若沒有串接這個電阻，當 S 一按下去，+3.3V 到 GND 就變成短路，電路就不能運作甚至燒毀電源。

LAB 06 讀取按壓開關的輸入值（使用上拉電阻）

實驗目的	用 Python 程式控制 Pico 腳位，藉此讀取按壓開關的輸入值，並判斷目前按鈕狀態。
材料	<ul><li>Pico</li><li>按壓開關</li><li>220Ω 電阻</li></ul>

接線圖

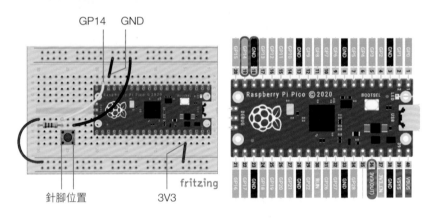

GP14　GND

針腳位置　　　3V3

fritzing

⚠ 上圖接線為**上拉電阻**。

設計原理

前面已經學過數位輸出，這個實驗我們依據接線方式將按壓開關設定為數位輸入：

```
>>> import board
>>> from digitalio import DigitalInOut, Direction
>>> button = DigitalInOut(board.GP14)
>>> button.direction = Direction.INPUT
```

上面我們設定 GP14 為數位輸入腳位，接下來，使用 value 屬性取得輸入腳位所得到的輸入值：

```
>>> button.value      ← 取得輸入腳位的值
True                  ← (鬆開按鈕)輸入高電位到 Pico 控制板
>>> button.value      ← 取得輸入腳位的值
False                 ← (按下按鈕)輸入低電位到 Pico 控制板
```

程式流程圖

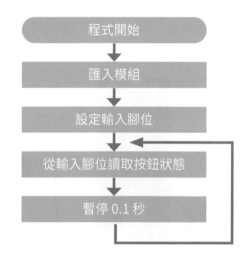

程式開始

↓

匯入模組

↓

設定輸入腳位

↓

從輸入腳位讀取按鈕狀態

↓

暫停 0.1 秒

⚙ 程式設計

（範例程式下載網址：https://www.flag.com.tw/DL?FM630A）

```
01  import board
02  import time
03  from digitalio import DigitalInOut, Direction
04
05  # 建立 GP14 腳位的 DigitalInOut 物件，並命名為 button
06  button = DigitalInOut(board.GP14)
07  # 設定 button 為輸入腳位
08  button.direction = Direction.INPUT
09
10  while True:              # 一直重複執行
11      # 使用 value 屬性讀取 GP14 腳位的電位值
12      print(button.value)  # 使用 print() 輸出按壓開關電位值
13      time.sleep(0.1)      # 暫停 0.1 秒
```

● 第 13 行暫停 0.1 秒是為了避免迴圈執行過快，輸出過多資料，導致 Thonny 反應不及而當掉。

⚙ 實測

請按 F5 執行程式，並試著按下、鬆開按壓開關，觀察變化。

4-4 使用控制板內建的上拉 / 下拉電阻

上一節我們以電路的方式，使用 220Ω 電阻為按壓開關增加上拉電阻。但其實 Pico 中，所有的 GPIO 腳位都有內建電阻，只要編寫程式，就可以設定指定腳位要啟用上拉或是下拉電阻：

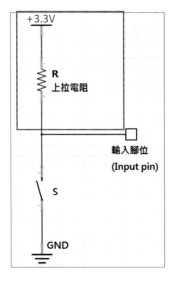

如果是啟用上拉電阻，就可以省略右圖中紅框部分的接線。

如果是啟用下拉電阻，就可以省略右圖中紅框部分的接線。

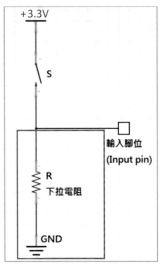

後續的內容都將按壓開關設定為啟用**上拉電阻**。

LAB 07 讀取按壓開關的輸入值（使用內建上拉電阻）

實驗目的	用 Python 程式控制 Pico 腳位，以程式碼啟用指定腳位的上拉電阻。
材料	• Pico • 按壓開關

接線圖

啟用上拉電阻後，我們就不用連接上拉電阻，只要將按壓開關兩端分別接輸入腳位與 GND 即可：

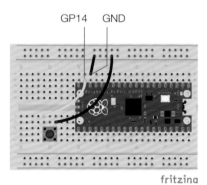

設計原理

承 Lab06 將按壓開關設定為數位輸入，此實驗增加同屬 digitalio 模組的 Pull 類別，控制指定腳位啟用上拉電阻：

```
>>> import board
>>> from digitalio import DigitalInOut, Direction, Pull
                                            ↑
                                     增加 Pull 類別
```

```
>>> button = DigitalInOut(board.GP14)
>>> button.direction = Direction.INPUT
>>> button.pull = Pull.UP          ← 使用 Pull 類別設定為上拉電阻
```

程式流程圖

同 Lab06

程式設計

（範例程式下載網址：https://www.flag.com.tw/DL?FM630A）

```
01  import board
02  import time
03  # 增加數位輸出入的 Pull 類別
04  from digitalio import DigitalInOut, Direction, Pull
05
06  # 建立 GP14 腳位的 DigitalInOut 物件，並命名為 button
07  button = DigitalInOut(board.GP14)
08  # 設定 button 為輸入腳位
09  button.direction = Direction.INPUT
10  # 設定 button 為上拉電阻
11  button.pull = Pull.UP
12
13  while True:                 # 一直重複執行
14      # 使用 value 屬性從 GP14 腳位讀取按壓開關輸出的高低電位
15      print(button.value)  # 使用 print() 輸出按壓開關的輸出值
16      time.sleep(0.1)       # 暫停 0.1 秒
```

實測

請按 F5 執行程式，並試著按下、鬆開按壓開關，觀察 Lab06 與 Lab07 輸出值變化是相同的，按下時應為低電位 False。

硬體加油站！啟用控制板內建下拉電阻

你也可以啟用控制板內建的下拉電阻，例如將 Lab07 程式碼第 11 行改成 button.pull = Pull.**DOWN**，並將 Lab07 接線改成按壓開關的一端接在 3V3，另一端接在 GP14 就可以了，實測的結果應為按下按壓開關時 True、鬆開時 False。

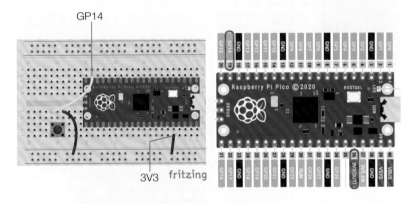

GP14

3V3 fritzing

4-5 Python 流程控制 (if…else)

　　第一章提到寫程式就像是在寫劇本一樣，我們將想做的事情一件一件寫下來讓電腦照著做，就是程式設計。

　　之前我們寫的程式都很單純，都是幾個動作讓電腦重複一直做就好了，不過生活總是充滿各種可能性，若我們想要讓電腦遇到不同狀況時做不同的動作，便需要使用 if...else 的語法。

◈ if

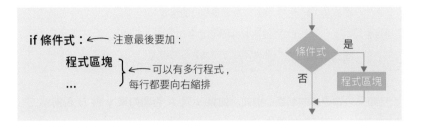

if 條件式：← 注意最後要加：

　　程式區塊
　　...　← 可以有多行程式，每行都要向右縮排

以上就是『當**條件式**成立時就執行**程式區塊**』內的敘述，否則略過**程式區塊**。例如：

```
if a < 1:
    a = a + 1
    b = a + 3   ← 程式區塊
print(b)   ← 接下來的程式未縮排，不屬於 if 區塊了
...
```

　　條件式可以用 > (大於)、>= (大於等於)、< (小於)、<= (小於等於)、== (等於)、!= (不等於) 來比較。

　　和 while 一樣屬於 if 的程式區塊要『以 4 個空格向右縮排』，表示它們是屬於上一行 (if...:) 的區塊，而其他非區塊內的敘述則『不可縮排』，否則會被誤認為是區塊內的敘述。

◈ if...elif...else...

　　如果想讓 if 多做一點事，例如『**如果** ... 就 ... **否則**就 ...』，那麼可加上 else：

```
if 條件式：
    程式區塊    ← 條件成立時要執行的程式
else：
            ← 注意 else 最後也要加 :
    程式區塊    ← 條件不成立時要執行的程式
```

又如果想做更多的判斷，例如『**如果** x **就** A **否則如果** y **就** B **否則就** C』，則可再加上代表**否則如果**的 elif：

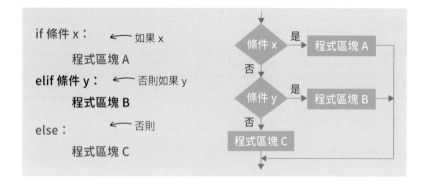

```
if 條件 x：      ← 如果 x
    程式區塊 A
elif 條件 y：    ← 否則如果 y
    程式區塊 B
else：           ← 否則
    程式區塊 C
```

以上 elif 可以視需要加入多個，而 else 如果有的話則要放在最後。例如下面範例用分數來判斷成績等第 (A~C)：

```
>>> a = 70
>>> if a >= 90:      # 如果 >= 90
        grade = 'A'
    elif a >= 80:    # 否則如果 >= 80
        grade = 'B'
    else:            # 否則
        grade = 'C'
>>> print(grade)
  C
```

> if 後面輸入時會自動內縮，所以輸入 elif、else 時需要用後退鍵取消內縮

LAB 08 開燈 – 按下按鈕就點亮 LED

實驗目的	用 Python 程式控制 Pico 腳位，使用按鈕狀態作為條件判斷，控制 LED 點亮或熄滅。
材料	• Pico • LED • 按壓開關 • 220Ω 電阻

🔧 接線圖

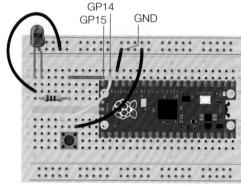

fritzing

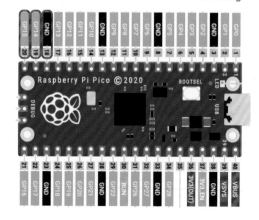

程式流程圖

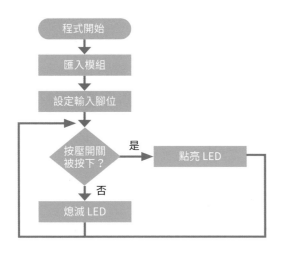

程式設計

(範例程式下載網址：https://www.flag.com.tw/DL?FM630A)

```
01  import board
02  import time
03  from digitalio import DigitalInOut, Direction, Pull
04
05  # 建立 GP15 腳位的 DigitalInOut 物件，並命名為 led
06  led = DigitalInOut(board.GP15)
07  # 設定 led 為輸出腳位
08  led.direction = Direction.OUTPUT
09  # 建立 GP14 腳位的 DigitalInOut 物件，並命名為 button
10  button = DigitalInOut(board.GP14)
11  # 設定 button 為輸入腳位
12  button.direction = Direction.INPUT
13  # 設定 button 為上拉電阻
14  button.pull = Pull.UP
```

```
15
16  while True:                     # 一直重複執行
17      if button.value == False:   # 如果按下按壓開關
18          led.value = True        # 點亮 LED
19      else:                       # 否則
20          led.value = False       # 熄滅 LED
```

實測

請按 F5 執行程式，然後按下按壓開關，即點亮 LED；若放開，則 LED 熄滅。

延伸學習

1. 請將 Lab08 程式碼 17-20 行改成 **led.value = not button.value** 看看效果如何。

2. 請將這個實驗改成按一下按鈕開燈，再按一下按鈕則關燈。

軟體加油站！ not 邏輯算符

第 3 章我們學會點亮 LED, 使用的程式碼是 led.value = True, 而 **not led.value** 就等於是 False, 無論現在 LED 的狀態是 True(點亮) 還是 False(熄滅), 使用 not 就可以把 True 變成 False、把 False 變成 True。

因此延伸學習 2 只要判斷按下按鈕時，改變 LED 的狀態就可以了，試著練習看看吧！

05 認識光敏電阻 – 類比輸入

前面我們學會了數位輸出和數位輸入, 本章我們將以光敏電阻為例, 學習類比輸入, 在取得光敏電阻的數值後, 以流程控制撰寫程式, 製作一個隨環境亮度控制 LED 開關燈的光感應燈。

5-1 認識光敏電阻

光敏電阻 (photoresistor) 是一種會因為光線明暗而改變導電效應的電阻, 電阻值與光線亮度成反比, 光線越亮則電阻越小, 所以我們可以利用光敏電阻來偵測目前環境的明暗度。

不過 Pico 控制板並沒有感測電阻值的能力, 為了取得光敏電阻的感測結果, 我們將採用分壓定理來計算光敏電阻的電阻變化。

5-2 分壓定理

所謂**分壓定理**, 是指同一串連電路上, 各個元件消耗的電壓與其電阻成正比, 假設有一個電路如下:

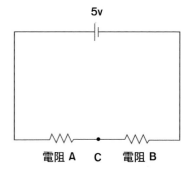

電阻 A　C　電阻 B

若電阻 A 與電阻 B 的電阻值比例為 3:2, 那麼電阻 A 與電阻 B 消耗的電壓比例也會是 3:2, 所以供給 5V 電壓後, 電阻 A 會消耗 3V 電壓, 電阻 B 會消耗 2V 電壓, 這個稱為**分壓**, 若我們在電路的 C 點偵測電壓, 會獲得 2V 電壓值。

我們試著以 Pico 的 3.3V 為供給電壓，將電阻 A 換成光敏電阻，電阻 B 換成 220Ω 的固定電阻，如下圖所示：

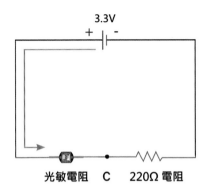

當環境亮度越大，光敏電阻的電阻值則越小，分配到的電壓也越小，因此 C 點測量的電壓就越大；遮住光線時則相反。

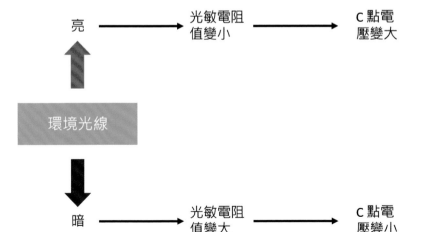

⚠ 讀者在這部分僅需要了解光敏電阻在光線變化時，與電壓、電阻間的關係，後續的實驗就會著手測量 C 點電壓。

5-3 認識類比輸入

在數位輸出、輸入時，訊號只有分為 True 高電位和 False 低電位兩個值。但電壓變化不是這樣的二分值，而是**連續的變化**，例如 1V、2.1V 等都是可能的值，這種訊號稱為**類比值**。

以生活中的溫度計為例，常見的額溫槍屬於電子溫度計，都是顯示 35.5、35.7 的數值；而傳統的水銀溫度計則是以水銀柱頂端對應的數值來判斷正確的體溫 (每度內分 10 小格)，所以在 35~36 的數值間，會有連續且無限多的數值，而電子溫度計就僅有 35.0、35.1、…、35.9、36.0 這樣不連續的值，不會顯示 35.0~35.1 之間的值。

我們可以將電子溫度計的**不連續數值**想成是數位，水銀溫度計的**連續數值**想成是類比，方便理解後續的內容。

⚠ 水銀溫度計為玻璃管製成包含水銀的溫度計，溫度計內的水銀受熱後會膨脹，使其中的水銀柱升高，當水銀柱不再升高時，此時的數值即為正確的體溫讀數。由於水銀廢棄物對環境的危害，行政院環境保護署已於民國 110 年 3 月限制水銀溫度計的販賣。

5-4 使用 ADC 偵測電壓變化

為了感測光敏電阻導致的電壓變化，必須透過 **ADC (Analog-to-Digital Converter, 類比數位轉換器)**，將類比的電壓值轉換為程式中可以讀取的數位值。

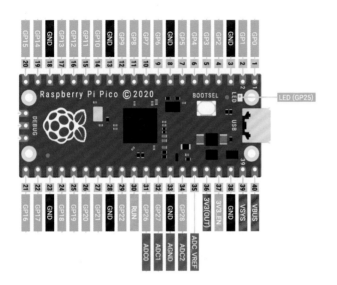

Pico 控制板具備 ADC 的是 ADC0、ADC1、ADC2 腳位，當 ADC 腳位有電壓輸入時，會將 0～3.3V 電壓範圍轉成 0～65535 的整數值。所以傳回值 65535 就是 3.3V 電壓輸入，21845 表示大約 1.1V 電壓輸入。也就是說，將傳回值先除以 65535 再乘上 3.3 就可以換算成電壓。

軟體加油站！為甚麼會轉成 0~65535 ？

Pico 控制板跟電腦一樣，屬於二進位制的系統，所以只讀的懂 0、1 的值。而 CircuitPython 會將 ADC 輸出值轉換為 16 位元的二進位數字，所以最大值為 $1111\ 1111\ 1111\ 1111_{2(二進位)} = 65,535_{10(十進位)}$。

LAB 09 讀取光敏電阻的輸入值

實驗目的	以 Python 程式匯入模組，來讀取光敏電阻的數值。
材料	• Pico • 光敏電阻 • 220Ω 電阻

接線圖

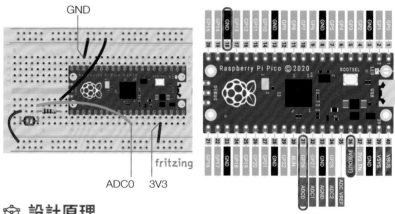

GND

ADC0   3V3

fritzing

設計原理

為了在 Python 程式中控制 Pico 的腳位，必須先匯入 board 模組：

```
>>> import board
```

使用類比輸入，就需要匯入 analogio 模組的 AnalogIn 類別：

```
>>> from analogio import AnalogIn
```

我們設定 A0 (ADC0) 作為類比輸入腳位，並且將控制腳位的物件命名為 adc：

```
>>> adc = AnalogIn(board.A0)
```

⚠ 也可以使用 board.GP26_A0

這樣就能順利取得光敏電阻的訊號，接下來，同樣使用 value 屬性讀取腳位的數值：

```
>>> adc.value          ← 讀取 A0 腳位光敏電阻的數值
10432                  ← 介於 0~65535 之間的值
```

✿ 程式流程圖

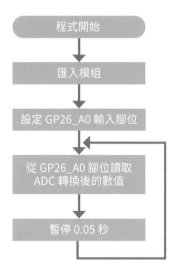

✿ 程式設計

(範例程式下載網址：https://www.flag.com.tw/DL?FM630A)

```
01   import board
02   import time
03   # 匯入 analogio 模組的 AnalogIn 類別
04   from analogio import AnalogIn
05   # 設定A0為類比輸入腳位，並命名為 adc
06   adc = AnalogIn(board.A0)
07
08   while True:
09       print(adc.value)   # 讀取光敏電阻數值
10       time.sleep(0.05)   # 暫停 0.05 秒
```

✿ 實測

請按 F5 執行程式，請用手放在光敏電阻上面擋住光線，即可在互動環境 (Shell) 看到光敏電阻讀取到的數值變化。

```
互動環境 (Shell)
         4816
         4848
         3632      擋住光線後，光敏電阻的光阻值會變大，
         1696  }←  所以 ADC 輸入值會變小
         1680
         4496      手放開不要擋住光線，光敏電阻的光阻值
         4736  }←  會變小，所以 ADC 輸入值會變大
         4752
```

經過實測後，發現光線不足時 ADC 輸入值會小於 3000，光線充足的話，ADC 輸入值會大於 3000，所以接下來會用 3000 這個數值來判斷光線是否充足。

⚠ 因測試環境不同，您可以依照自己實測的結果，來挑選適當的數值。

☆ 延伸學習

1. 請將讀取到的數值換算成電壓值，並顯示到螢幕上。

轉換公式：adc × 3.3 / 65535 = voltage（電壓值）

LAB 10 光感應燈 – 環境太暗了就開燈

實驗目的	以 Python 程式撰寫程式，偵測環境光線不足時自動打開電燈，光線充足時則關閉電燈。
材料	● Pico ● 光敏電阻 ● LED ● 220 Ω 電阻 × 2

☆ 接線圖

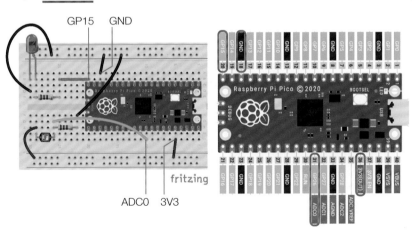

☆ 程式流程圖

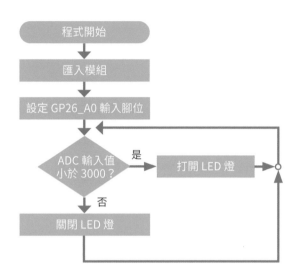

☆ 程式設計

（範例程式下載網址：https://www.flag.com.tw/DL?FM630A）

```
01  import board
02  import time
03  from analogio import AnalogIn
04  from digitalio import DigitalInOut, Direction
05
06  # 建立 A0 腳位的 AnalogIn 物件，並命名為 adc
07  adc = AnalogIn(board.A0)
08  # 建立 GP15 腳位的 DigitalInOut 物件，並命名為 led
09  led = DigitalInOut(board.GP15)
10  # 設定 led 為輸出腳位
11  led.direction = Direction.OUTPUT
12
```

```
13   while True:
14       if adc.value < 3000:      # 光線不足時
15           led.value = True      # 打開 LED 燈
16       else:                     # 否則
17           led.value = False     # 關閉 LED 燈
```

實測

請按 [F5] 執行程式，然後用手放在光敏電阻上面擋住光線，此時可以看到 LED 燈亮起，將手移走則 LED 會熄滅。

延伸學習

1. 請增加 2 個 LED 變成共 3 個 LED，然後依照光線的明暗度，越暗則亮越多燈，光線最暗時亮 3 個燈，光線最亮時不亮燈。

MEMO

CHAPTER

蜂鳴器 – 類比輸出

本章我們將以蜂鳴器來學習類比輸出, 變化聲音的頻率, 進而自製一個按下按鈕即發聲的小門鈴。

6-1 認識類比輸出

由前面的內容可以得知, 類比值是連續的數值。Pico 的腳位除了前面章節的類比輸入外, 也可以輸出類比訊號, 這需要使用 **PWM** 功能。

6-2 PWM

PWM (Pulse Width Modulation, 脈波寬度調變) 的概念很簡單, 數位世界只有 0/1, 所以只有高、低電位兩種變化, 但是我們可以加上時間因素, 以通電時間的長短來呈現強弱的概念。

以控制 LED 亮度為例, 當同樣單位時間內 LED 通電的時間較久, LED 的亮度會較高；反之就會讓 LED 的亮度變低。也就是說只要以 PWM 改變單位時間內的通電時間, 即可模擬輸出不同電壓的電流, 因而讓 LED 有不同的亮度。

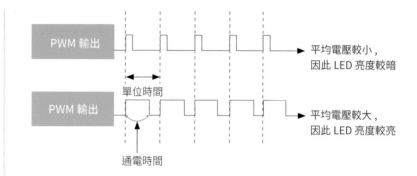

由於 PWM 是不斷的在高、低電位間切換, 也就是說 LED 實際上是不斷在通電、斷電間切換, 若切換的速度 (**頻率**) 很快, 感覺就會像是輸出連續的電力。

設定 PWM 時是以百分比 (稱為 **Duty Cycle**, **負載率**, 亦稱**佔空比**) 來表示模擬的電壓大小。例如 Pico 的 PWM 最大值為 65535, 若是設定 PWM 值為 52428, 則負載率等於 52428÷65535 約為 80%, 表示該腳位 80% 的時間是高電位。

6-3 Python 流程控制 – for 迴圈

當我們用 PWM 控制 LED 亮度時，可以使用的值為 0〜65535，所以若要寫程式控制 LED 顯示呼吸燈的效果時，最直覺的步驟如下；

```
設定 PWM 值等於 0, 控制 LED 亮度   ← 最暗（熄滅）
設定 PWM 值等於 1, 控制 LED 亮度
設定 PWM 值等於 2, 控制 LED 亮度
設定 PWM 值等於 3, 控制 LED 亮度
...
設定 PWM 值等於 65531, 控制 LED 亮度
設定 PWM 值等於 65532, 控制 LED 亮度
設定 PWM 值等於 65533, 控制 LED 亮度
設定 PWM 值等於 65534, 控制 LED 亮度
設定 PWM 值等於 65535, 控制 LED 亮度   ← 最亮
```

如果一個一個步驟寫在程式裡面的話，豈不累煞人啊！

為了解決這個問題，Python 提供了 for 迴圈的語法，for 迴圈可將容器中的元素一一讀取出來做處理，其語法如下：

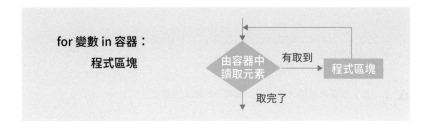

⚠ 與 while 和 if 一樣，for 迴圈的程式區塊也要內縮 4 個空白。

為了產生一個有 0~65535 數值的容器，我們還可以使用 Python 內建的 range() 來產生一個指定範圍的數列容器，其語法如下：

```
range(x)        ← 產生『由 0 到 x 但不包含 x』的數列
range(x, y)     ← 產生『由 x 到 y 但不包含 y』的數列
range(x, y, z)  ← 產生『由 x 到 y 但不包含 y, 間隔為 z』的數列
```

for 迴圈搭配 range() 的範例如下：

```
>>> for i in range(10):   ← 產生 0 到 10 但不包含 10 的數列
        print(i)          ← 輸出 0 1 2 3 4 5 6 7 8 9
                                  Thonny 會幫你自動內縮
0
1   多按一次空行才
2   會結束 for 執行
3
4
5
6
7
8
9
```

上面的 range() 會產生 0 到 10 但不包含 10 的數列，for 迴圈每次會取出一個數字給 i 變數，所以 print(i) 就會依序輸出 0 1 2 3 4 5 6 7 8 9。

```
>>> for i in range(1, 11):   ← 產生 1 到 11 但不包含 11 的數列
        print(i)             ← 輸出 1 2 3 4 5 6 7 8 9 10
1
2
3
4
5
6
7
8
9
10
```

```
>>> for i in range(1, 10, 2):← 產生 1~9 的奇數數列
        print(i)              ← 輸出 1 3 5 7 9

1
3
5
7
9

>>> for i in range(9, 0, -2):← 間隔為負數時, x 要大於 y
        print(i)              ← 輸出 9 7 5 3 1

9
7
5
3
1
```

⚠ 可以用『有頭無尾』的口訣來記憶 range() 會產生的數列！

LAB 11 使用 PWM 製作呼吸燈

實驗目的	以 Python 撰寫程式, 用 PWM 控制 LED 的亮度, 呈現逐漸變亮的效果。
材料	• Pico • LED • 220Ω 電阻

🔧 接線圖

同 Lab03

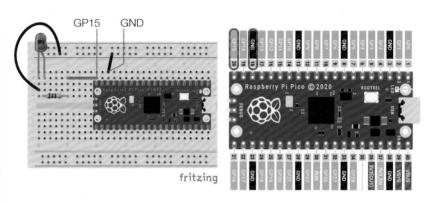

GP15 GND

fritzing

🔧 設計原理

Lab03 是使用數位輸出的方式, 以 True(點亮)、False(熄滅) 改變 LED 的狀態, 現在, 我們使用 PWM 讓 LED 有不同亮度的變化。首先, 要先匯入 pwmio 模組：

```
>>> import pwmio
```

設定輸出腳位、**頻率** (frequency) 和**工作週期** (duty_cycle), 要使用 pwmio 模組中的 PWMOut 設定：

```
>>> led = pwmio.PWMOut(board.GP15, frequency = 5000, duty_cycle=65535)
```

⚠ 上述程式因書本寬度導致換行, 讀者一行輸入完即可。

與 Lab03 一樣以 GP15 腳位作為 LED 的輸出腳位, 設定頻率為 5000(代表每秒切換 5000 次高低電位。次數只要高於一定數量, 人類的眼睛就無法分辨高低電位切換, 所以看起來為恆亮), 工作週期為 65535, 並命名為 led。輸入此行程式並執行後, 請確認 LED 燈應該要是點亮的狀態。也可以使用 led.duty_cycle 來設定 LED 的亮度 (PWM 工作週期為 0 ~ 65535 (含) 之間的數值)：

```
>>> led.duty_cycle = 0        ← 設定 PWM 工作週期為 0 (最暗)
>>> led.duty_cycle = 1000     ← 設定 PWM 工作週期為 1000 (微亮)
>>> led.duty_cycle = 65535    ← 設定 PWM 工作週期為 65535 (最亮)
```

☆ 程式流程圖

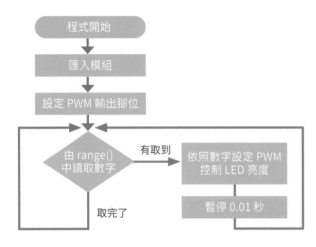

☆ 程式設計

(範例程式下載網址：https://www.flag.com.tw/DL?FM630A)

請在 Thonny 開新檔案，在程式執行區輸入以下程式碼，輸入完畢請按 Ctrl + S 儲存檔案：

```
01  import board
02  import time
03  import pwmio
04
05  # 設定 GP15 為 PWMOut 物件，並命名為 led
06  led = pwmio.PWMOut(board.GP15,
07                     frequency=5000,
08                     duty_cycle=0)
09
10  while True:
11      # 數值越來越高，LED 漸漸變亮
12      for i in range(0, 65536, 512):   # 範圍從 0~65535
13          led.duty_cycle = i    # 設定 PWM 工作週期控制 LED 亮度
14          time.sleep(0.01)      # 暫停 0.01 秒
15      # 數值越來越低，LED 漸漸變暗
16      for i in range(65535, -1, -512): # 範圍從 65535~0
17          led.duty_cycle = i    # 設定 PWM 工作週期控制 LED 亮度
18          time.sleep(0.01)      # 暫停 0.01 秒
```

程式碼 12~14 行，使用一個 for 迴圈，從 0 開始每次增加 512，再將數值設定為 PWM 的工作週期，然後暫停 0.01 秒。換句話說，每隔 0.01 秒，LED 的亮度會從 0、512、1024、1536、…、65024 漸漸變亮，超過 65535 則跳出迴圈。

而程式 16~18 行，同樣使用一個 for 迴圈，只是這次從 65535 開始每次減少 512，再將數值設定為 PWM 的工作週期，然後暫停 0.01 秒。所以，每隔 0.01 秒，LED 的亮度會從 65535、65023、64511、…、511 漸漸變暗，低於 0 則跳出迴圈。

☆ 實測

請按 F5 執行程式，即可看到外接的 LED 由暗到亮逐漸亮起，再由亮到暗逐漸熄滅，不斷變化。

☆ 延伸學習

1. 試著改變 for 迴圈中的間隔 (此例為 512)，若將數值改大 (例如 1024)，會有什麼效果？反之，若將數值改小 (例如 32)，效果又如何？

6-4 認識蜂鳴器

蜂鳴器是一種可讓內部銅片依據不同頻率震動發出聲音的電子元件：

蜂鳴器

利用電磁原理，即可吸附或是鬆開內部的震動片，造成震動：

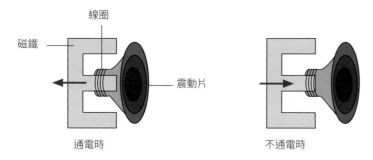

通電時　　　　　　　　不通電時

⚠ 本套件使用的蜂鳴器為『無源蜂鳴器 (passive buzzer)』，其中的『源』指的是震盪源 (或者震盪電路)，必須接上振盪電路才會發聲。另外一種『有源蜂鳴器 (active buzzer)』就是本身即帶有震盪電路的蜂鳴器，只要接上電源就可以發出固定頻率的聲音。

我們日常聽見的音樂，就是由不同震動頻率的音符所組成，常用音符與對應的頻率 (每秒次數, Hz) 及音名的對照表如下：

音名	C	D	E	F	G	A	B
音符	Do	Re	Mi	Fa	So	La	Si
頻率	262	294	330	349	392	440	494

⚠ 完整的音符與頻率對照表，以及個別音符的頻率計算方式可參考維基百科 https://zh.wikipedia.org/wiki/ 音符。

為了讓蜂鳴器發出指定的聲音，必須使用 **PWM 類比輸出**的功能，控制蜂鳴器震動的**頻率** (frequency)。後續實驗中，也會使用到**工作週期** (duty cycle) 控制蜂鳴器震動的幅度，來改變蜂鳴器發出的音量大小。

LAB 12 使用蜂鳴器發出聲音

實驗目的	以 Python 撰寫程式，用 PWM 控制蜂鳴器的震動頻率。
材料	● Pico ● 蜂鳴器

🔧 接線圖

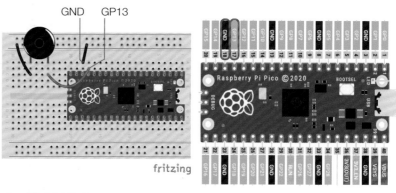

GND　GP13

fritzing

🔧 設計原理

承接 Lab11，為了控制蜂鳴器，要設定頻率 (frequency) 為想發出的聲音頻率，而工作週期 (duty_cycle) 為聲音的音量：

```
>>> buzzer = pwmio.PWMOut(board.GP13,frequency = 262,duty_cycle = 0)
```

設定蜂鳴器的 PWM 類比輸出腳位為 GP13, 並設定發出的聲音為 Do, 頻率為 262, 而 duty_cycle 工作週期為 0, 因為震幅為 0, 所以執行後並不會發出聲音。我們可以調整工作週期改變音量：

```
>>> buzzer.duty_cycle = 2**15    ← 設定發出的音量為 2**15 (最大聲)
>>> buzzer.duty_cycle = 0        ← 設定發出的音量為 0 (最小聲)
```

⚠ ** 代表次方, 2**15 代表 2 的 15 次方, 也就是 32768。

⚠ 由於無源蜂鳴器內部銅片在通電後會扭曲, 不通電會回復完狀, 因此必須有『通電 – 不通電』的循環才能產生振盪。當通電與不通電的時間一樣時 (工作週期 50%。以 Pico 為例就是 2 的 16 次方除以 2, 也就是 2 的 15 次方), 蜂鳴器的震動效果最好, 聲音也就越大。

🔷 程式流程圖

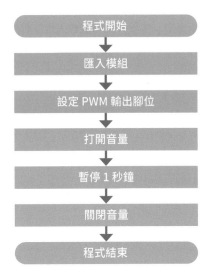

🔷 程式設計

(範例程式下載網址：https://www.flag.com.tw/DL?FM630A)

請在 Thonny 開新檔案, 在程式執行區輸入以下程式碼, 輸入完畢請按 Ctrl + S 儲存檔案：

```
01  import board
02  import time
03  import pwmio
04
05  # 設定 GP13 為 PWMOut 物件, 並命名為 buzzer
06  # 設定 frequency 頻率為 Do 262Hz
07  buzzer = pwmio.PWMOut(board.GP13,
08                        frequency=262,
09                        duty_cycle=0)
10  buzzer.duty_cycle = 2**15    # 設定工作週期(音量)為 2**15
11  time.sleep(1)                # 暫停 1 秒鐘
12  buzzer.duty_cycle = 0        # 設定工作週期(音量)為 0
```

🔷 實測

請按 F5 執行程式, 即可聽到蜂鳴器發出聲音 Do 一秒後結束。

🔷 延伸學習

1. 試著讓蜂鳴器發出 Do, Re, Mi, Fa, So。

2. 修改程式碼第 10 行, 試著改變音量大小。

⚠ 怕吵的讀者可以試試看 buzzer.duty_cycle = 2**8, 或再依個人需求調整

LAB 13 小門鈴 – 按下按鈕發出『叮咚』

實驗目的	以 Python 撰寫程式,判斷當按鈕按下時發出聲音,自製門鈴。
材料	● Pico ● 按壓開關 ● 蜂鳴器

接線圖

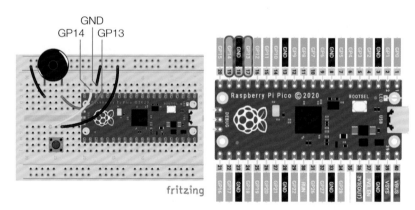

GND
GP14 GP13

Raspberry Pi Pico ©2020

fritzing

設計原理

Lab12 我們只讓蜂鳴器發出 Do 的聲音,如果在程式執行過程中,需要發出不同的聲音 (改變頻率),就需要增加 variable_frequency = True 屬性:

```
buzzer = pwmio.PWMOut(board.GP13,
                      frequency = 262,
                      duty_cycle = 0,
                      variable_frequency = True)
```

程式流程圖

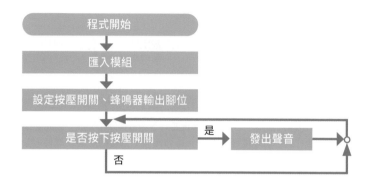

程式開始 → 匯入模組 → 設定按壓開關、蜂鳴器輸出腳位 → 是否按下按壓開關 — 是 → 發出聲音 ; 否

程式設計

(範例程式下載網址:https://www.flag.com.tw/DL?FM630A)

請在 Thonny 開新檔案,在程式執行區輸入以下程式碼,輸入完畢請按 Ctrl + S 儲存檔案:

```
01  import board
02  import time
03  import pwmio
04  from digitalio import DigitalInOut, Direction, Pull
05
06  # 設定 GP14 為數位輸入腳位, 並命名為 button
07  button = DigitalInOut(board.GP14)
08  button.direction = Direction.INPUT
09  button.pull = Pull.UP
10
11  # 設定 GP13 為 PWM 輸出腳位, 並命名為 buzzer
```

```
12  buzzer = pwmio.PWMOut(board.GP13,
13                        frequency=262,
14                        duty_cycle=0,
15                        variable_frequency=True)
16
17  while True:
18      # 當按鈕按下時，發出 "叮咚" 聲音
19      if button.value == False:
20          # "叮" 頻率約 988，聲音持續較短
21          buzzer.frequency = 988
22          buzzer.duty_cycle = 2**15
23          time.sleep(0.6)
24          buzzer.duty_cycle = 0
25          # "咚" 頻率約 784，聲音持續較長
26          buzzer.frequency = 784
27          buzzer.duty_cycle = 2**15
28          time.sleep(1.2)
29          buzzer.duty_cycle = 0
```

☆ 實測

請按 F5 執行程式，試著按下按鈕，蜂鳴器會發出 " 叮咚 " 的聲音。

☆ 延伸學習

1. 試著修改發出聲音的頻率和時間，設計成屬於你自己的鈴聲。

6-5 資料的容器 – 串列 (List)

前面的內容，我們讓蜂鳴器發出聲音，再讓蜂鳴器透過條件判斷發出 " 叮咚 " 的聲音。但如果想播放的是一首歌，先來試寫一個播放 "小蜜蜂" 音樂的程式：

(以上程式同 Lab13)

```
17  while True:
18      # 當按鈕按下時，發出 "小蜜蜂" 音樂
19      # |So Mi Mi -|Fa Re Re -| Do Re Mi Fa So So So -|
20      if button.value == False:
21          # So
22          buzzer.frequency = 392      # 改變頻率
23          buzzer.duty_cycle = 2**15   # 改變音量 (開)
24          time.sleep(1)               # 暫停 1 秒鐘
25          buzzer.duty_cycle = 0       # 改變音量 (關)
26          # Mi
27          buzzer.frequency = 330      # 改變頻率
28          buzzer.duty_cycle = 2**15   # 改變音量 (開)
29          time.sleep(1)               # 暫停 1 秒鐘
30          buzzer.duty_cycle = 0       # 改變音量 (關)
31          # Mi
32          buzzer.frequency = 330      # 改變頻率
33          buzzer.duty_cycle = 2**15   # 改變音量 (開)
34          time.sleep(1)               # 暫停 1 秒鐘
35          buzzer.duty_cycle = 0       # 改變音量 (關)
36          # 休止符
37          buzzer.frequency = 0        # 改變頻率
38          buzzer.duty_cycle = 2**15   # 改變音量 (開)
39          time.sleep(1)               # 暫停 1 秒鐘
40          buzzer.duty_cycle = 0       # 改變音量 (關)
```

光是『改變頻率、打開音量、暫停秒數、關閉音量』這一連串的動作，可能就要重複個十幾次以上，其中，打開音量、暫停秒數、關閉音量的程式是一樣的，**有變化的只有改變頻率**，這時，就可以運用以下要介紹的**串列**來簡化程式。

在 Python 語言中，提供有一種特別的資料類型，叫做『**串列 (list)**』。串列就像一個容器，可以讓您隨意放置多項資料，這些資料稱為『元素』(element)，會依序排列放置，並且可以搭配 for 敘述循序取出個別元素。例如：

```
>>> notes = [262, 294, 330, 349, 392, 440, 494]
>>> for note in notes:
    print(note)

262
294
330
349
392
440
494
```

其中以成對的**中括號 []** 包夾的就是串列，在這個例子中串列內共有 7 個元素，元素間以逗點相隔，依序分別是 262, 294, 330, 349, 392, 440, 494，實際上也依照這樣的順序放置。建立了串列後，就可以比照 range() 使用 for 敘述依序取出其中的個別元素，放入指定的變數後操作，上例中就將串列內的元素一一透過 print() 顯示，從執行結果可以看到顯示的順序和建立串列時的排列順序一致。

有了串列，我們就可以把音樂的頻率依序放入串列，再利用 for 迴圈一一取出個別的頻率，播放一首歌的音樂了。

LAB 14 播放小蜜蜂音樂

實驗目的	以 Python 撰寫程式，以串列 (List) 控制蜂鳴器的震動頻率，播放一首歌。
材料	同 Lab13

接線圖

同 Lab13

程式流程圖

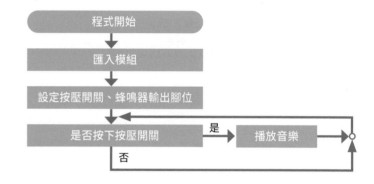

程式設計

（範例程式下載網址：https://www.flag.com.tw/DL?FM630A）

請在 Thonny 開新檔案，在程式執行區輸入以下程式碼，輸入完畢請按 Ctrl + S 儲存檔案：

```
01  import board
02  import time
03  import pwmio
04  from digitalio import DigitalInOut, Direction, Pull
05
06  # 設定 GP14 為數位輸入腳位，並命名為 button
07  button = DigitalInOut(board.GP14)
08  button.direction = Direction.INPUT
09  button.pull = Pull.UP
10
```

```
11  # 設定 GP13 為 PWM 輸出腳位, 並命名為 buzzer
12  buzzer = pwmio.PWMOut(board.GP13,
13                          frequency=262,
14                          duty_cycle=0,
15                          variable_frequency=True)
16  # 小蜜蜂
17  # |So Mi Mi -|Fa Re Re -| Do Re Mi Fa So So So -|
18  notes = [392, 330, 330, 0,
19           349, 294, 294, 0,
20           262, 294, 330, 349, 392, 392, 392]
21
22  while True:
23      # 當按下按鈕時, 發出音樂
24      if button.value == False:
25          for note in notes:              # 一一取出音符
26              if note == 0:               # 設為 0 時不發音
27                  buzzer.duty_cycle = 0   # 設定音量為 0
28              else:                       # 否則
29                  buzzer.frequency = note # 設定聲音頻率
30                  buzzer.duty_cycle = 2**15 # 設定音量為 2**15
31              time.sleep(0.2)             # 聲音持續 0.2 秒
32              buzzer.duty_cycle = 0       # 停止發聲
33              time.sleep(0.1)             # 持續靜音 0.1 秒
```

☆ 實測

請按 F5 執行程式, 按下按鈕後, 會播放出小蜜蜂的音樂。

☆ 延伸學習

1. 試著改變聲音持續的時間, 來改變音樂的感覺。

MEMO

CHAPTER

07 可變電阻

前面章節學會 Pico 的基本功能：數位輸入輸出、類比輸入輸出, 並搭配各種電子零件來達成不同效果, 而除了以上實驗搭配的電子元件外, 其他元件也能做出各種有趣的實驗。這一章我們使用另一個元件：可變電阻來自製一個可調整節奏的節拍器。

7-1 認識可變電阻

可變電阻 (電位器, 英文：Potentiometer) 是有 3 隻針腳的電子元件, 其內部就像由 2 個電阻串聯的電路：

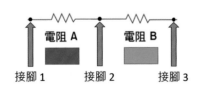

可變電阻分壓電路

上圖中的藍色區塊與綠色區塊分別代表 1 個電阻, 但兩者的電阻值並不是固定的, 而是由轉軸的位置來決定, 可變電阻外觀上會標示其**總電阻值**, 本套件可變電阻的電阻值為 10K(10000)Ω, 這也就是藍綠區塊的電阻值總和：

$$\blacksquare + \blacksquare = 10K\,\Omega$$

將轉軸往順時針轉, 就會增加藍色區域：

電阻區域越大代表電阻值越高, 所以只要將可變電阻的轉軸順時針轉到底, 結果如下:

這時藍色區域的電阻值幾乎為 10KΩ, 綠色區域幾乎為 0Ω。反之, 當轉軸**逆時針轉到底**時, 藍色區域的電阻值幾乎為 0Ω, 綠色區域幾乎為 10KΩ

7-2 可變電阻的分壓值

目前已經知道可變電阻的特性, 但有什麼方法可以量測藍綠色區域各自的電阻值呢? 回想一下, 在第 5 章中我們利用分壓電路確認光敏電阻的阻值變化:

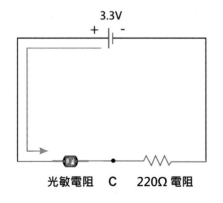

光敏電阻　C　220Ω 電阻

而在看完可變電阻的電路後, 發現可變電阻可以替換上圖中光敏電阻與 220Ω 電阻的位置:

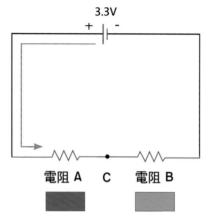

電阻 A　C　電阻 B

如果將轉軸順時針轉到底, 藍色區域的電阻值幾乎為 10KΩ, 綠色區域幾乎為 0Ω。根據**分壓**原理, 藍色區域電阻幾乎分到所有電壓 (3.3V), 反之綠色區域則為 0V:

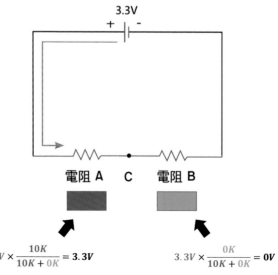

電阻 A　C　電阻 B

$$3.3V \times \frac{10K}{10K + 0K} = 3.3V$$

$$3.3V \times \frac{0K}{10K + 0K} = 0V$$

這時只要量測 C 點 (可變電阻的中間腳位) 電位, 就能得知綠色區域的電位, 並可以反推出藍綠色區域的電阻、電壓值。

7-3 讀取分壓電路下可變電阻的 ADC 值

根據前面的內容得知, 在分壓電路中轉動可變電阻的轉軸可以調整其中間腳位的輸出電壓。而根據第 5 章的內容, 要使用 Pico 讀取電壓, 就需要使用**類比輸入腳位**並讀取其 ADC 值, 所以當可變電阻的中間腳位輸出 0V 時, ADC 值就會是 0; 如果輸出 3.3V, ADC 值就會是 65535。

⚠ CircuitPython 的 ADC 值範圍為 0~65535, 在 Pico 中就是對應到 0 V ~3.3V。

LAB 15 讀取可變電阻的輸入值

實驗目的	以 Python 撰寫程式, 來讀取可變電阻值的數值。
材料	• Pico • 可變電阻

🔧 接線圖

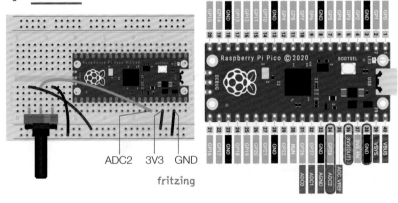

ADC2　3V3　GND

fritzing

🔧 設計原理

利用第 5 章學過的方式讀取 ADC 值即可取得可變電阻的變化。

設定 A2(ADC2) 作為類比輸入腳位, 並且將物件命名為 pot (Potentiometer 的簡寫):

```
>>> pot = AnalogIn(board.A2)
```

⚠ 也可以使用 board.GP28_A2。

軟體加油站！ 變數名稱的重要性

變數的命名其實非常重要, 好的變數名稱可以讓自己或別人更容易讀懂程式, 反之沒有意義的變數名稱會讓讀你程式的人一頭霧水。例如前面取可變電阻的變數名稱時可以使用其英文名稱的簡寫 pot:

```
pot = AnalogIn(board.A2)
```

這樣讀後續程式時, 就可以很容易推測其意義, 例如:

```
pot.value
```

可以很容易推測出這行程式代表**可變電阻的值**。反之將其取名為 a:

```
a = AnalogIn(board.A2)
.
.
.
a.value
```

單看 a.value 這行程式無法推測出 **a 的意義**。如果程式很簡單可能還無傷大雅, 但如果程式稍微複雜, 讀起來就會很痛苦。所以在命名變數時, 記得取有意義的名稱, 讓程式能輕鬆讓人讀懂喔!

接下來使用 value 屬性就可以取得可變電阻的 ADC 值：

```
>>> pot.value        ← 讀取 A2 腳位可變電阻的數值
31536                ← 介於 0~65535 之間的值
```

程式流程圖

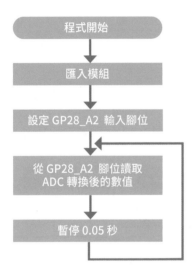

程式設計

（範例程式下載網址：https://www.flag.com.tw/DL?FM630A）

請在 Thonny 開新檔案，在程式執行區輸入以下程式碼，輸入完畢後，
Ctrl + S 儲存檔案：

```
01   import board
02   import time
03   import analogio
04   # 設定 A2 為類比輸入腳位，命名為 pot
05   pot = analogio.AnalogIn(board.A2)
06
07   while True:
08       print(pot.value)      # 讀取可變電阻數值
09       time.sleep(0.05)      # 暫停 0.05 秒
```

實測

請按 F5 執行程式，並轉動可變電阻的轉軸，即可在互動環境 (Shell) 中
看到 ADC 值的變化。順時針轉到底會得到最大 ADC 值 (接近 65535)；轉
至中間差不多會得到 65535 的一半；逆時針轉到底會得到最小 ADC 值 (接
近 0)：

順時針轉到底

互動環境 (Shell)
65520
65520
65520
65520
65520
65520
65520

轉至中間位置

互動環境 (Shell)
32640
32784
32784
32496
32480
32544

逆時針轉到底

互動環境 (Shell)
240
256
256
240
256
272
256

⚠ 經筆者測試，使用 CircuitPython 時，類比輸入
腳位就算直接接 GND 也不會得到 0；直接接
3V3 也不會得到 65535。

57

經過測試後，發現 ADC 值的確會根據轉軸的位置而變化。接下來的實驗我們將會使用可變電阻調整 LED 燈的亮度。

LAB 16 調節亮度 – 利用可變電阻調整 LED 亮度

實驗目的	以 Python 撰寫程式，用類比輸入取得可變電阻的 ADC 值，並將其當作類比輸出的 PWM 值來控制 LED 的亮度。
材料	<ul><li>Pico</li><li>LED</li><li>220 Ω 電阻</li><li>可變電阻</li></ul>

接線圖

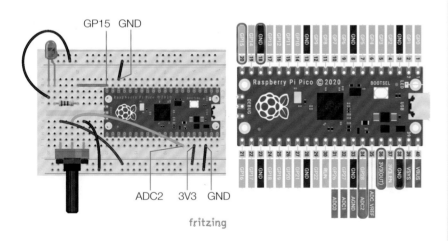

fritzing

設計原理

在 CircuitPython 中，**ADC 值的範圍**與 **PWM 的 Duty 範圍**都是 0~65535，所以只要將 PWM 的工作週期設定成 ADC 值，就可以使用可變電阻更改 LED 亮度。

```
>>> led.duty_cycle = pot.value
```

程式流程圖

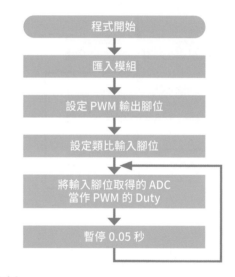

程式設計

(範例程式下載網址：https://www.flag.com.tw/DL?FM630A)

請在 Thonny 開新檔案，在程式執行區輸入以下程式碼，輸入完畢後，Ctrl + S 儲存檔案：

```
01  import board
02  import time
03  import analogio
04  import pwmio
05
06  pot = analogio.AnalogIn(board.A2)
07  led = pwmio.PWMOut(board.GP15,
08                      frequency=5000,
09                      duty_cycle=0)
10
11  while True:
12      # 將可變電阻的 ADC 值設為 LED 的 工作週期
13      led.duty_cycle = pot.value
14      time.sleep(0.05)
```

☆ 實測

請按 [F5] 執行程式,試著調整可變電阻的轉軸,逆時針轉 LED 亮度越亮, 反之順時針轉 LED 亮度越暗。

☆ 延伸學習

1. 試著更改『程式』、不更改電路,設計逆時針轉 LED 亮度越暗,反之越 亮。

2. 試著更改『線路』、不更改程式,設計逆時針轉 LED 亮度越暗,反之越 亮。

LAB 17 調整頻率 – 利用可變電阻調整聲音頻率

實驗目的	以 Python 撰寫程式,以可變電阻調整蜂鳴器的振動頻率。
材料	● Pico ● 蜂鳴器 ● 可變電阻

☆ 接線圖

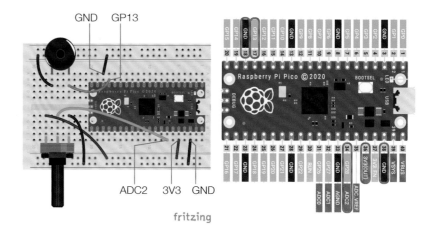

fritzing

☆ 設計原理

在 Lab16 中,我們使用可變電阻調整 PWM 的工作週期,以此來控制 LED 亮度。現在更改成調整 PWM 的頻率,以此控制蜂鳴器的振動頻率。

此範例中我們會將蜂鳴器的頻率限制在 262~1976,,也就是說要將可變電阻的 ADC 值 0~65535 轉換成 262~1976, 此轉換可以使用以下公式來達成:

$$頻率 = \frac{ADC值 \times (1976\text{-}262)}{65535} + 262$$

根據上述公式,ADC 值在最大 (65535) 時,頻率為 1976;在最小 (0) 時,頻率為 262。

最後只要將蜂鳴器的頻率指定成轉換後的值:

```
buzzer.frequency = int(pot.value*1714 / 65535) + 262
```

程式流程圖

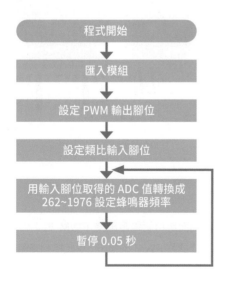

程式開始

↓

匯入模組

↓

設定 PWM 輸出腳位

↓

設定類比輸入腳位

↓

用輸入腳位取得的 ADC 值轉換成
262~1976 設定蜂鳴器頻率

↓

暫停 0.05 秒

程式設計

(範例程式下載網址:https://www.flag.com.tw/DL?FM630A)

請在 Thonny 開新檔案,在程式執行區輸入以下程式碼,輸入完畢請按 Ctrl + S 儲存檔案:

```
01  import board
02  import time
03  import analogio
04  import pwmio
05
06  buzzer = pwmio.PWMOut(board.GP13,
07                        frequency=523,
08                        duty_cycle=2**15,
09                        variable_frequency=True)
10
11  pot = analogio.AnalogIn(board.A2)
12
13  while True:
14      # 將可變電阻的值(0~65535)轉換成 262~1976
15      freq = int(pot.value*1714 / 65535) + 262
16      buzzer.frequency = freq
17      time.sleep(0.05)
```

實測

請按 F5 執行程式,即可聽到蜂鳴器發出聲音,接下來轉動可變電阻的轉軸,逆時針轉聲音頻率越高,反之順時針轉聲音頻率越低。

延伸練習

1. 試著修改程式,讓逆時針轉聲音頻率越低,反之順時針轉聲音頻率越高。

LAB 18 節拍器 – 利用可變電阻調整發聲節奏

實驗目的	以 Python 撰寫程式,根據可變電阻的 ADC 值調整蜂鳴器發出聲音的節奏。
材料	同 Lab17

☆ 接線圖

同 Lab17

☆ 設計原理

節拍器是一種會發出規率聲音的裝置,其單位為 BPM(beats per minute),代表每分鐘的拍數,60BPM 代表每秒打 1 拍、120BPM 則是每秒打 2 拍。

為了做到節拍器的效果,我們會使用蜂鳴器發出短暫的聲音,並依據節奏設定,等待一段時間後,再次發出聲音。**下面以 120 BPM 為例:**

```
while True:
    buzzer.duty_cycle = 2**15    # 發出聲音
    time.sleep(0.01)             # 發出聲音維持 0.01 秒
    buzzer.duty_cycle = 0        # 關閉聲音
    time.sleep(60/120)           # 維持 60/120 = 0.5 秒
```

⚠ 上述範例為了不增加程式複雜性,與實際的節拍器比起來會有稍微的延遲。

要調整節拍器的節奏,就等於是調整**關閉聲音的持續時間**。從上面的程式可以得知,關閉聲音的持續時間為 60 秒除以多少 BPM,而多少 BPM 就是由可變電阻來決定,我們設定此節拍器為 40 BPM~250 BPM,程式如下:

```
while True:
    bpm = int(pot.value*210/65460) + 40
    buzzer.duty_cycle = 2**15
    time.sleep(0.1)
    buzzer.duty_cycle = 0
    time.sleep(60/bpm)
```

☆ 程式流程圖

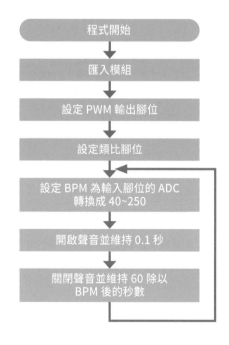

程式開始

匯入模組

設定 PWM 輸出腳位

設定類比腳位

設定 BPM 為輸入腳位的 ADC 轉換成 40~250

開啟聲音並維持 0.1 秒

關閉聲音並維持 60 除以 BPM 後的秒數

☆ 程式設計

（範例程式下載網址：https://www.flag.com.tw/DL?FM630A）

　　請在 Thonny 開新檔案，在程式執行區輸入以下程式碼，輸入完畢請按
Ctrl + S 儲存檔案：

```
01  import board
02  import time
03  import analogio
04  import pwmio
05
06  buzzer = pwmio.PWMOut(board.GP13,
07                        frequency=350,
08                        duty_cycle=0)
09
10  pot = analogio.AnalogIn(board.A2)
11
12  while True:
13      # 將可變電阻的 ADC 值轉換成 BPM
14      bpm = int(pot.value*210/65460) + 40
15
16      # 開啟聲音
17      buzzer.duty_cycle = 2**15
18      time.sleep(0.1)
19      # 關閉聲音
20      buzzer.duty_cycle = 0
21      time.sleep(60/bpm)
```

☆ 實測

　　請按 F5 執行程式，即可聽到蜂鳴器發出固定節奏的聲音，接下來調整可變
電阻的轉軸，逆時針轉會使節奏越來越快，反之順時針轉會使節奏越來越慢。

☆ 延伸學習

1. 試著調整蜂鳴器的聲音頻率，當節奏越快時，聲音頻率也越高，反之節奏
   越慢時，聲音頻率也越低。

MEMO

雙軸按鈕搖桿

前一章使用到的可變電阻只能單獨控制蜂鳴器的頻率或是 LED 亮度, 但如果想一次控制兩個元件, 難道只能接兩個可變電阻嗎？當然這是一種方法, 但其實有另一種零件可以解決此問題, 就是『雙軸按鈕搖桿』。此章節就讓我們認識一下它並做出一個雙軸按鈕搖桿版的跳舞機吧！

8-1 認識雙軸按鈕搖桿

雙軸按鈕搖桿本身是由 **2 個可變電阻**所組成, 它們分別負責『水平』與『垂直』方向：

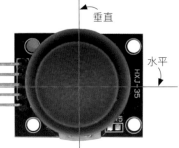

除了 2 個可變電阻外, 雙軸按鈕搖桿還包含 **1 個按鈕 (按壓) 開關**, 其功能與一般的按壓開關相同：

按鈕

雙軸按鈕搖桿共有 5 個腳位, 分別是 GND、5V、VRX、VRY 和 SW, 其中 5V 和 GND 分別是**正電**和**接地**, VRX 是**水平方向可變電阻**的輸出腳位 (相當於第 7 章中可變電阻的中間腳位), VRY 是**垂直方向可變電阻**的輸出腳位, SW 則是按鈕的輸出腳位。

雙軸按鈕搖桿中的按壓開關與第 4 章的按壓開關一樣有 2 隻針腳, 其中一隻針腳連接到 SW 腳位, 另一隻則連到 GND 腳位。根據第 4 章的內容, 如果要讀取按壓開關狀態, 就需要連接上拉電阻或下拉電阻,, 而根據目前已知其中一隻針腳連接至 GND 腳位, 因此將 SW 腳位接至 Pico 的腳位, 並啟用**內建上拉電阻**即可讀取按壓開關的狀態。

LAB 19 讀取雙軸按鈕搖桿的值

實驗目的	以 Python 撰寫程式，來讀取雙軸按鈕搖桿中 2 個可變電阻與 1 個按鈕的值。
材料	• Pico • 雙軸按鈕搖桿

接線圖

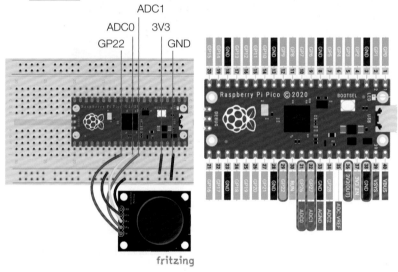

fritzing

設計原理

雙軸按鈕搖桿是由 2 個可變電阻和 1 個按鈕開關組成，而根據接線圖得知，我們將水平腳位 VRX 接至 A0；垂直腳位 VPY 接至 A1；按壓開關腳位 SW 接至 GP22，那我們就只需要用前面章節學過的**讀取可變電阻值**與**讀取按鈕狀態**即可取得個別的值。

程式流程圖

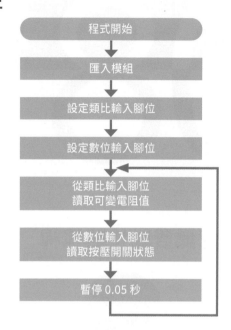

程式設計

（範例程式下載網址：https://www.flag.com.tw/DL?FM630A）

請在 Thonny 開新檔案，在程式執行區輸入以下程式碼，輸入完畢請按 Ctrl + S 儲存檔案：

```
01  import time
02  import analogio
03  import board
04  from digitalio import DigitalInOut, Direction, Pull
05
06  x_axis = analogio.AnalogIn(board.A0)
07  y_axis = analogio.AnalogIn(board.A1)
08
09  sw = DigitalInOut(board.GP22)
```

```
10   sw.direction = Direction.INPUT
11   sw.pull = Pull.UP
12
13   while True:
14       print(x_axis.value, y_axis.value, sw.value)
15       time.sleep(0.05)
```

🏷 實測

請按 F5 執行程式，即可看到**互動環境**每 0.05 秒更新一次數值。將雙軸
按鈕搖桿依下圖擺放：

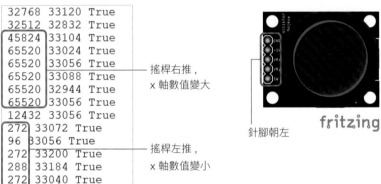

搖桿右推，
x 軸數值變大

搖桿左推，
x 軸數值變小

針腳朝左

fritzing

搖桿下推，
y 軸數值變大

搖桿上推，
y 軸數值變小

按下按鈕

```
32512  32832  False
32304  33136  False
32464  32896  False
32576  33040  True
32384  32928  True
32832  32848  True
```

沒按下按鈕

🏷 延伸練習

1. 試著加入 LED 和蜂鳴器，搖桿越往右，led 亮度越亮；搖桿越往左，led
   亮度越暗；搖桿越往下，蜂鳴器聲音越大；搖桿越往上，蜂鳴器聲音越
   小；按下按鈕時，關閉 led 燈和蜂鳴器聲音。

LAB 20 跳舞機 – 雙軸按鈕搖桿版

實驗目的	利用程式隨機出題，並使用雙軸按鈕搖桿做出對應的動作。
材料	同 Lab19

🏷 接線圖

同 Lab 19

🏷 設計原理

『跳舞機』是多數遊戲中心的熱門遊戲，根據螢幕上的指示踩到對應的箭
頭，以此展現自己的眼腳協調性和節奏感。本實驗將使用雙軸按鈕搖桿取代
腳，只要看到螢幕上有指示，就要使用雙軸按鈕搖桿來做出對應動作。

指令包含『UP(上)』、『RIGHT(右)』、『DOWN(下)』、『LEFT(左)』和
『Click(點擊)』，**UP** 代表將搖桿往上推，以此類推其他動作，**Click** 則是表示
按下按壓開關：

```
>>>  indicators =['UP', 'RIGHT', 'DOWN', 'LEFT', 'Click!']
```

為了讓程式**隨機**出題，需要匯入 random 模組：

```
>>>  import random
```

並使用 choice() 方法隨機選擇：

```
>>>  random.choice(indicators)    ← 隨機從 indicators 串列
'LEFT'                                選一個元素
```

目前已經得到指令，接下來就是判斷是否有使用搖桿做出正確動作，在前一個實驗中，我們可以找出搖桿方向與 ADC 值之間的關係：

搖桿方向	水平或垂直的 ADC 值
上	y_axis.value < 10000
下	y_axis.value > 60000
左	x_axis.value < 10000
右	x_axis.value > 60000

只要判斷搖桿方向是否與指令相同，如果相同即可加 1 分。最後就是在時間限制 (10 秒) 內看能得到幾分囉！快找朋友一起來比比看誰比較厲害吧！

程式流程圖

程式開始

↓

匯入模組

↓

設定類比輸入腳位

↓

設定數位輸入腳位

↓

等待按下開始鈕 (按壓開關)

↓

從 indicators 串列隨機出題

↓

判斷動作是否與指令相同

↓

顯示總得分

↓

程式結束

程式設計

（ **範例程式下載網址：https://www.flag.com.tw/DL?FM630A** ）

請在 Thonny 開新檔案，在程式執行區輸入以下程式碼，輸入完畢請按 Ctrl + S 儲存檔案：

```
01  import time
02  from analogio import AnalogIn
03  import board
04  from digitalio import DigitalInOut, Direction, Pull
05  import random
06
07  x_axis = AnalogIn(board.A0)
08  y_axis = AnalogIn(board.A1)
09  button = DigitalInOut(board.GP22)
10  button.direction = Direction.INPUT
11  button.pull = Pull.UP
12
13  score = 0
14  newIndicator = False
15  indicators =['UP', 'RIGHT', 'DOWN', 'LEFT', 'Click!']
16
17  print("Hit [CENTER BUTTON] to START!")
18  t_start = time.time()
19
20  # 按下按鈕開關 或是 10 秒 後開始遊戲
21  while time.time() - t_start < 10:
22      if not button.value:
23          break
24      time.sleep(0.1)
25
26  # 遊戲開始時間
27  game_start = time.time()
28
29  # 遊戲時間限制 10 秒
30  while(time.time() - game_start < 10):
```

```
31      # 沒新指令 且 雙軸置中才會更換
32      if(newIndicator == False and
33         x_axis.value > 10000 and
34         x_axis.value < 60000 and
35         y_axis.value > 10000 and
36         y_axis.value < 60000 and
37         button.value):
38         newIndicator = True
39         q = random.choice(indicators)
40         print("\n"+q)
41
42      # 有新指令 且 遊戲 10 秒內
43      while(newIndicator and time.time() - game_start < 10):
44          if(((q == 'UP') and (y_axis.value < 10000)) or
45             ((q == 'DOWN') and (y_axis.value > 60000)) or
46             ((q == 'LEFT') and (x_axis.value < 10000)) or
47             ((q == 'RIGHT') and (x_axis.value > 60000)) or
48             ((q == 'Click!') and not button.value)):
49              newIndicator = False
50              score += 1
51              print('score : ', score)
52
53  print('Your Score : ', score, '!')
```

程式中有使用到新的**方法**：time.time()，它會返回從 1970 年 1 月 1 日到目前經過幾秒：

```
>>>  import time
>>>  time.time()
1626892527        ← 目前是 2021年 7 月 21 日...，從1970年1月1日
                     到現在經過秒數為 1626892527
```

我們會在遊戲開始前先使用 time.time() 將目前秒數儲存在 game_start 變數中 (第 27 行)，接下來由 while 的條件式 (第 30 行) 判斷目前時間減掉 game_start 是否小於 10 秒，如果小於 10 秒，就繼續判斷指令與動作是否正確；如果大於 10 秒就跳出 while 迴圈並計算總得分。

實測

在執行程式前請先將雙軸按鈕搖桿依右圖擺放：

fritzing

接下來請按 F5 執行程式，即可看到**互動環境**如右圖來提示你按下按鈕來啟動遊戲：

```
>>> %Run -c $EDITOR_CONTENT
Hit [CENTER BUTTON] to START!
```

按下按鈕或等待 10 秒後，遊戲就會開始並出現指令：

```
>>> %Run -c $EDITOR_CONTENT
Hit [CENTER BUTTON] to START!
Click!
```

根據指令做出對應動作，上圖中的『Click!』代表要按下雙軸按鈕搖桿的按鈕，如果動作正確，程式就會給出下一個指令：

```
Hit [CENTER BUTTON] to START!
Click!
score :  1

UP
score :  2

RIGHT
score :  3

LEFT
score :  4

UP
Your Score :  4 !
>>>
```

10 秒鐘後，遊戲就會結束，並顯示你的最終成績。

延伸學習

1. 試著加入蜂鳴器，在得分時發出 0.1 秒頻率為 262Hz 的聲音吧！

［應用］
利用按壓開關自製快捷鍵

本章會學習如何將 Pico 模擬成鍵盤裝置, 再利用按壓開關控制程式發送不同的鍵盤組合鍵, 自製可以快速複製貼上的快捷鍵按鈕, 成為增進工作效率的輔助裝置。

9-1 HID

HID (Human Interface Devices, 人機介面裝置), 代表人類操作電腦的裝置, 例如滑鼠、鍵盤…等。HID 又可分為**主機** (host) 和**裝置** (device), 裝置代表人操作的物品, 例如滑鼠、鍵盤；主機負責接收裝置傳來的資訊, 例如電腦、手機：

鍵盤 (HID 裝置)

電腦 (HID 主機)

接下來要讓 Pico 模擬成符合 HID 協定的裝置, 需要先複製相關程式庫 **adafruit_hid** 至 Pico 中。

9-2 複製額外程式庫

除了 CircuitPython 內建的程式庫之外, 尚有許多額外的程式庫可用, 只要將程式庫檔複製到 Pico 後就能在程式中匯入使用, 例如接下來會用到的 **adafruit_hid**。

⚠ 更多額外程式庫可參照網頁：https://circuitpython.readthedocs.io/projects/bundle/en/latest/drivers.html

先至第 14 頁下載並解壓縮的**資料夾**中, 複製 **adafruit_hid** 整個資料夾：

在 adafruit_hid 資料夾上按**右鍵 / 複製**

若 Pico 已正確連接到電腦時，可以在**檔案總管 / 本機**中看到『**CIRCUITPY**』這個磁碟，即是我們要存放程式庫的磁碟：

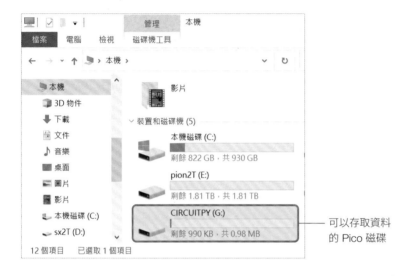

可以存取資料的 Pico 磁碟

打開 Pico 磁碟中的 **lib 資料夾**後，在空白地方按**右鍵 / 貼上**：

1 打開磁碟中的 **lib 資料夾**

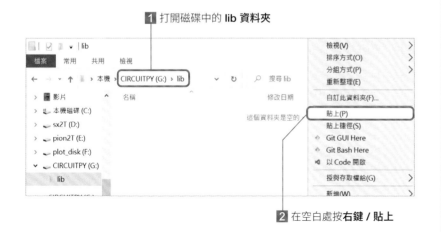

2 在空白處按**右鍵 / 貼上**

複製完成

LAB 21 自製複製貼上的快捷按鍵鈕

實驗目的	在程式中匯入外部程式庫，搭配 2 個按壓開關，自製快捷功能鍵盤裝置，方便快速使用電腦中的**複製**與**貼上**功能。
材料	● Pico ● 按壓開關 x 2

⚙ 接線圖

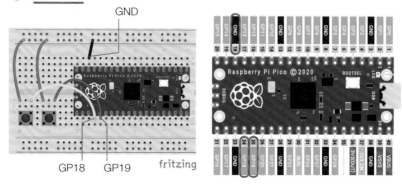

GND

GP18   GP19

fritzing

設計原理

因為要模擬成 USB 鍵盤裝置，請先匯入程式庫：

⚠ 請確認有依照前述步驟複製程式庫。

```
import usb_hid
```

分別從程式庫 adafruit_hid.keyboard、adafruit_hid.keycode 匯入相關模組，並建立 USB HID 協定的鍵盤物件：

```
# 匯入鍵盤模組
from adafruit_hid.keyboard import Keyboard
# 匯入鍵盤對應碼模組
from adafruit_hid.keycode import Keycode
# 建立 USB HID 協定的鍵盤物件
keyboard = Keyboard(usb_hid.devices)
```

接著就可以使用程式來模擬鍵盤輸入了，執行按下按鍵的程式後，還需要放開按鍵的程式：

```
keyboard.press(Keycode.WINDOWS)
keyboard.press(Keycode.D)
keyboard.release(Keycode.WINDOWS)
keyboard.release(Keycode.D)
```

以上是模擬在鍵盤上按一下 [Win]+[D]，即 Windows 將所有視窗最小化顯示桌面的快捷鍵，Keycode 是根據 HID 協定中針對 USB 鍵盤裝置按鍵對應的每個 ID 來使用，例如 Keycode.CONTROL 為鍵盤 [Ctrl]、Keycode.C 即是鍵盤 [C]。本例則是要模擬複製功能的 [Ctrl]+[C] 以及貼上功能的 [Ctrl]+[V]。

更多鍵盤對應碼可以參考：
https://bit.ly/3jRC820

程式設計

(範例程式下載網址：https://www.flag.com.tw/DL?FM630A)

請在 Thonny 開新檔案，在程式執行區輸入以下程式碼，輸入完畢請按 [Ctrl]+[S] 儲存檔案：

```
01  import time
02  import board          # 控制板子 pico
03  import digitalio       # 控制板子 IO 腳位
04  import usb_hid         # 使用 USB HID 協定
05
06  # 匯入鍵盤模組
07  from adafruit_hid.keyboard import Keyboard
08  # 匯入鍵盤配置模組
09  from adafruit_hid.keyboard_layout_us import KeyboardLayoutUS
10  # 匯入鍵盤對應碼模組
11  from adafruit_hid.keycode import Keycode
12
13  keyboard = Keyboard(usb_hid.devices)
14  keyboard_layout = KeyboardLayoutUS(keyboard)
15
16  btn_copy = digitalio.DigitalInOut(board.GP18)
17  btn_copy.direction = digitalio.Direction.INPUT
18  btn_copy.pull = digitalio.Pull.UP
19
20  btn_paste = digitalio.DigitalInOut(board.GP19)
21  btn_paste.direction = digitalio.Direction.INPUT
22  btn_paste.pull = digitalio.Pull.UP
23
24  while True:
25      if btn_copy.value == False:
26          keyboard.press(Keycode.CONTROL)
```

```
27        keyboard.press(Keycode.C)
28        keyboard.release(Keycode.CONTROL)
29        keyboard.release(Keycode.C)
30        time.sleep(0.1)
31    if btn_paste.value == False:
32        keyboard.press(Keycode.CONTROL)
33        keyboard.press(Keycode.V)
34        keyboard.release(Keycode.CONTROL)
35        keyboard.release(Keycode.V)
36        time.sleep(0.1)
37    time.sleep(0.1)
```

實測

按下左邊的**按壓開關**即是按下 Ctrl + C **複製**功能，右邊則是等同按下 Ctrl + V **貼上**功能。

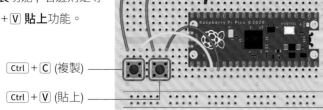

Ctrl + C (複製)

Ctrl + V (貼上)

fritzing

⚠ 試著使用它們複製一段文字並貼上吧！

軟體加油站! 複製與貼上

macOS 中，**複製**與**貼上**的快捷鍵分別為 ⌘+C 與 ⌘+V，與 Windows 作業系統不同，若要使用於 macOS 請將程式碼中 keyboard.press (Keycode. CONTROL) 皆更改為 keyboard.press (Keycode. COMMAND)。例如以下即是 macOS 中複製功能 ⌘+C：

keyboard.press (Keycode.COMMAND)
keyboard.press (Keycode.C)

硬體加油站! 開關

由於我們實驗用的按壓開關跟實體鍵盤按鍵相較起來，比較沒那麼好按，有興趣的讀者可以自行到電子材料行或網路商店額外購買**無段按壓開關**延伸改良，有各式大小可以根據自己喜好選擇，但要記得開關型式為**無段**才是適合當成鍵盤使用的，若是**有段**則會出現按下後，開關**一直**為閉路狀態，不適合此應用。

不同形狀的按壓開關

另外還要注意接點型式，本實驗用的開關為**常開 (Normal Open, N.O. 或 NO)** 狀態，手動按下時才是**閉路**；若換上**常閉 (Normal Close, N.C. 或 NC)** 開關，會變成按下為**斷路**，邏輯相反，程式碼就需要修改後才能正常應用。常見的電玩按鈕所使用的微動開關也可以應用在這裡，但按鈕壓扣機構底部通常有 3 個腳位，個別是 NO 和 NC 腳位，可以依照不同應用設計電路。

常見的電玩按鈕

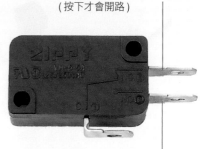

在本應用會使用的 N C 腳位
(按下才會開路)

N O 腳位 (未按下就已是開路狀態)

電玩按鈕壓扣機構底部為微動開關

→ 接下頁

若使用上述的開關就必須固定起來才好操作，可以購買市售常見的黑色 ABS 萬用盒，但加工需要有專業工具，也可以找找手邊既有的塑膠盒較易切割加工：

已經用完的
棉花棒外盒

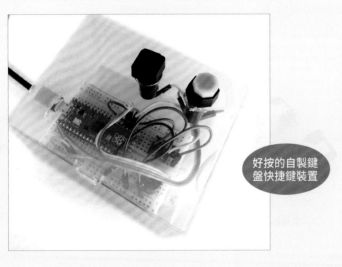

好按的自製鍵
盤快捷鍵裝置

1. Windows 作業系統在 Windows 7 之後新增了放大鏡功能，對於視力不好的使用者來說相當實用。重複按下 [Win]＋[＋] 可以不斷放大畫面，按下 [Win]＋[－] 則可以縮小畫面，請使用一樣的硬體做出一個快速放大縮小畫面的實用工具吧！

MEMO

［應用］
利用雙軸按鈕搖桿控制滑鼠游標

前一章提到 HID 代表人類操作的電腦裝置，而除了前一章提到的鍵盤外，『滑鼠』也是常常使用到的裝置，這一章的內容就是要將 Pico 模擬成滑鼠裝置，並使用雙軸按鈕搖桿來控制游標。

10-1 HID 滑鼠裝置

要將 Pico 模擬成滑鼠裝置前，與鍵盤一樣要先匯入內建程式庫 usb_hid：

```
import usb_hid
```

除了 usb_hid 程式庫外，還需要從上一章複製的 adafruit_hid.mouse 程式庫中匯入 Mouse 模組：

```
# 匯入滑鼠模組
from adafruit_hid.mouse import Mouse
```

接著就可以建立滑鼠物件，並命名為 mouse：

```
mouse = Mouse(usb_hid.devices)
```

到此就可以開始使用滑鼠的功能，首先我們使用滑鼠時最重要的事就是移動游標，而在程式中可以使用 **move() 方法**完成：

```
# x 軸右移一單位
mouse.move(x=1)
# x 軸左移一單位
mouse.move(x=-1)
# y 軸上移一單位
mouse.move(y=-1)
# y 軸下移一單位
mouse.move(y=1)
```

它的參數可以填入 x 座標與 y 座標的**位移距離**，其值的絕對值越大，代表位移越遠，其數值的正負號與方向關係如下：

▲ 位移距離是根據**電腦設定的滑鼠移動速度**決定，就算都是『x=1』，也會根據電腦設定移動不同距離。

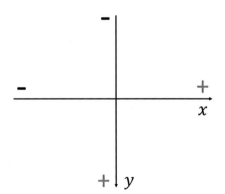

要往左或上，就要分別給予 x、y 值**負數**，反之右或下則是給予 x、y 值**正數**，可單獨指定 x、y 參數或同時指定，同時指定的方法為：

```
mouse.move(x=8,y=1)  ← 右移 8、下移 1
```

按左、右鍵和滾輪，要使用 click() 方法：

```
# 按左鍵
mouse.click(Mouse.LEFT_BUTTON)
# 按右鍵
mouse.click(Mouse.RIGHT_BUTTON)
# 按滾輪
mouse.click(Mouse.MIDDLE_BUTTON)
```

click() 方法等於是在第 9 章中，『鍵盤』的 **press() 和 release() 方法**加在一起，只要使用此方法，就等於**按下滑鼠按鍵及放開滑鼠按鍵**，其參數可以填入 **Mouse.LEFT_BUTTON**、**Mouse.RIGHT_BUTTON** 和 **Mouse.MIDDLE_BUTTON**，這些參數與按鍵的對照表如右：

參數	按鍵
Mouse.LEFT_BUTTON	左鍵
Mouse.RIGHT_BUTTON	右鍵
Mouse.MIDDLE_BUTTON	滾輪

LAB 22　自製搖桿式滑鼠

實驗目的	使用雙軸按鈕搖桿控制游標，並加上 2 顆按鈕來當作滑鼠左右鍵。
材料	• Pico • 雙軸按鈕搖桿 • 按壓開關 × 2

🏠 接線圖

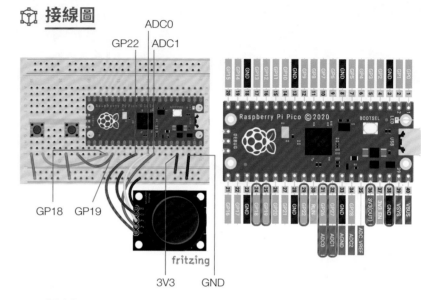

GP22　ADC1
ADC0
GP18　GP19
3V3　GND
fritzing

🏠 設計原理

我們將滑鼠功能拆分給『雙軸按鈕搖桿』和『2 個按壓開關』。

雙軸搖桿用來**控制游標**，在第 8 章我們知道『雙軸按鈕搖桿的可變電阻 ADC 值』與『搖桿位置』如下：

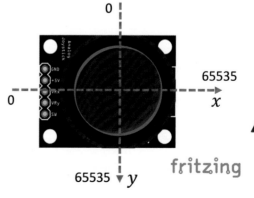

fritzing

⚠ 在第 8 章可變電阻的 ADC 值最大只到 65520、最小只到 90 幾，但為了方便理解，左圖還是標 65535 和 0。

74

而滑鼠物件的 **move() 方法**方向如下：

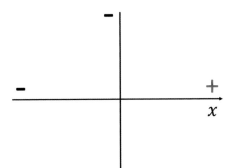

因此可以找出其中的關係：

ADC 值	游標位置
x > 中間值	往右
x < 中間值	往左
y > 中間值	往下
y < 中間值	往上

接下來我們希望游標會根據**搖桿推動的程度**改變位移距離，因此設定以下規則：

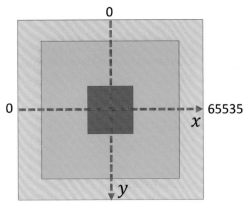

藍色區塊代表不移動游標；**綠色區塊**代表移動游標 1 單位；**土黃色區塊**代表移動游標 8 單位。

到此就理解也設定好『搖桿』和『游標』之間的關係，但如果只是控制游標，其實可變電阻的解析度不用到 0~65535 這麼高，因此將其範圍轉換到 0~20，也同時設定**藍色區域**的界線為 9 和 11；**綠色區域**的界線為 19 和 1：

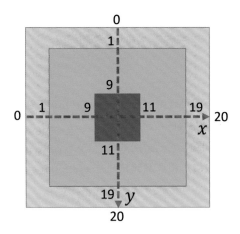

而在程式中要將 0~65535 轉換成 0~20 可以使用以下方式：

```
>>>  pot_min = 0         ← 可變電阻最小值
>>>  pot_max = 65535     ← 可變電阻最大值
>>>  step = (pot_max - pot_min) / 20   ← 將全部分為 20 等份，
                                          每一等份佔多少
>>>  step
3276.5
```

算出每一等份為 3276.5 後，將得到的 ADC 值除以 3276.5 並四捨五入後，就可以得到 0~20 的整數值：

```
>>>  round((ADC 值 - pot_min) / step)
```

⚠ round() 是 Python 的內建函式，會將其參數四捨五入。

目前我們設定好兩個可變電阻的功能，剩下就是雙軸按鈕搖桿的按鈕開關與外接的 2 個按壓開關，它們分別對應『左按鍵』、『右按鍵』和『滾輪按鍵』，關係如右：

按鈕	功能
接至 GP18 的按鈕	左按鍵
接至 GP19 的按鈕	右按鍵
雙軸按鈕搖桿的按鈕	滾輪按鍵

🔷 程式流程圖

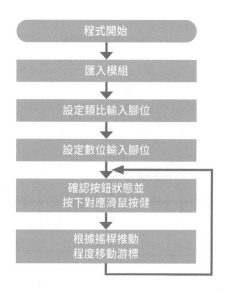

程式開始

匯入模組

設定類比輸入腳位

設定數位輸入腳位

確認按鈕狀態並
按下對應滑鼠按健

根據搖桿推動
程度移動游標

🔷 程式設計

（範例程式下載網址：https://www.flag.com.tw/DL?FM630A）

請在 Thonny 開新檔案，在程式執行區輸入以下程式碼，輸入完畢後，Ctrl + S 儲存檔案：

```
01  import time
02  import analogio
03  import board
04  import digitalio
05  import usb_hid
06  from adafruit_hid.mouse import Mouse
07
08  mouse = Mouse(usb_hid.devices)
09
10  x_axis = analogio.AnalogIn(board.A0)
11  y_axis = analogio.AnalogIn(board.A1)
12
13  button = digitalio.DigitalInOut(board.GP22)
14  button.direction = digitalio.Direction.INPUT
15  button.pull = digitalio.Pull.UP
16
17  btn_left = digitalio.DigitalInOut(board.GP18)
18  btn_left.direction = digitalio.Direction.INPUT
19  btn_left.pull = digitalio.Pull.UP
20
21  btn_right = digitalio.DigitalInOut(board.GP19)
22  btn_right.direction = digitalio.Direction.INPUT
23  btn_right.pull = digitalio.Pull.UP
24
25  pot_min = 0
26  pot_max = 65535
27  step = (pot_max - pot_min) / 20
28
29  def steps(axis):
30      return round((axis.value - pot_min) / step)
```

```
31
32  while True:
33      x = x_axis
34      y = y_axis
35
36      if button.value == False:
37          mouse.click(Mouse.MIDDLE_BUTTON)
38          print("Click!")
39          time.sleep(0.3)
40
41      if btn_left.value == False:
42          mouse.click(Mouse.LEFT_BUTTON)
43          time.sleep(0.3)
44
45      if btn_right.value == False:
46          mouse.click(Mouse.RIGHT_BUTTON)
47          time.sleep(0.3)
48      # x 軸位移距離 1
49      if steps(x) > 11:
50          mouse.move(x=1)
51      if steps(x) < 9:
52          mouse.move(x=-1)
53      # x 軸位移距離 8
54      if steps(x) > 19:
55          mouse.move(x=8)
56      if steps(x) < 1:
57          mouse.move(x=-8)
58      # y 軸位移距離 1
59      if steps(y) > 11:
60          mouse.move(y=1)
61      if steps(y) < 9:
62          mouse.move(y=-1)
63      # y 軸位移距離 8
64      if steps(y) > 19:
65          mouse.move(y=8)
66      if steps(y) < 1:
67          mouse.move(y=-8)
```

🔅 實測

請將雙軸按鈕搖桿依下圖擺放，並按 F5
執行程式：

試著推動搖桿，看游標會不會跟著移動，按下雙軸按鈕搖桿的按鈕，看 Thonny 的**互動環境**會不會出現 Click!：

```
>>> %Run -c $EDITOR_CONTENT
Click!
Click!
```

也可以試著將滑鼠放置於『Word』或是『瀏覽器』上按下雙軸按鈕搖桿的按鈕，看看游標會不會變成**箭頭**：

最後按按看麵包板上的 2 個外接按壓開關，看能不能達到滑鼠左右鍵的效果。

🔅 延伸學習

1. 設著加入 2 個按壓開關並結合上一章的鍵盤，做出你自己獨一無二的 HID 裝置吧！

記得到旗標創客・
自造者工作坊
粉絲專頁按『讚』

1. 建議您到「旗標創客・自造者工作坊」粉絲專頁按讚,
   有關旗標創客最新商品訊息、展示影片、旗標創客展
   覽活動或課程等相關資訊, 都會在該粉絲專頁刊登一手
   消息。

2. 對於產品本身硬體組裝、實驗手冊內容、實驗程序、或
   是範例檔案下載等相關內容有不清楚的地方, 都可以到
   粉絲專頁留下訊息, 會有專業工程師為您服務。

3. 如果您沒有使用臉書, 也可以到旗標網站 (www.flag.com.
   tw), 點選 聯絡我們 後, 利用客服諮詢 mail 留下聯絡資
   料, 並註明產品名稱、頁次及問題內容等資料, 即會轉由
   專業工程師處理。

4. 有關旗標創客產品或是其他出版品, 也歡迎到旗標購物網
   (www.flag.tw/shop) 直接選購, 不用出門也能長知識喔!

5. 大量訂購請洽

   學生團體　　訂購專線：(02)2396-3257 轉 362
   　　　　　　傳真專線：(02)2321-2545

   經銷商　　　服務專線：(02)2396-3257 轉 331
   　　　　　　將派專人拜訪
   　　　　　　傳真專線：(02)2321-2545

作　　者／施威銘研究室

發 行 所／旗標科技股份有限公司

　　　　　台北市杭州南路一段15-1號19樓

電　　話／(02)2396-3257(代表號)

傳　　真／(02)2321-2545

劃撥帳號／1332727-9

帳　　戶／旗標科技股份有限公司

監　　督／黃昕暐

執行企劃／翁健豪・施雨亨・周家楨

執行編輯／翁健豪・施雨亨・周家楨

美術編輯／陳慧如

封面設計／陳慧如

校　　對／翁健豪・施雨亨・黃昕暐

行政院新聞局核准登記-局版台業字第 4512 號

ISBN　978-986-312-681-2

國家圖書館出版品預行編目資料

用 Raspberry Pi Pico x Python 玩創客 / 施威銘研究室著.
初版. 臺北市：旗標科技股份有限公司,

2021.08　　面；　公分

ISBN 978-986-312-681-2 (平裝)

1. 電腦程式設計　2. Python (電腦程式語言)

312.2　　　　　　　　　　　　　　　110011915